西安交通大学
"十一五"规划教材

本书荣获西安交通大学优秀教材一等奖

精讲多练MATLAB

（第3版）

罗建军 杨 琦 编著
冯博琴 主审

U0282169

西安交通大学出版社
XI'AN JIAOTONG UNIVERSITY PRESS

内容简介

本书系统地讲述了 MATLAB 的基本技术,内容包括基本计算、矩阵处理、符号运算、计算结果的可视化、程序设计和文件处理等方面。全书结合实际问题,讲练结合,注重精讲多练,培养学生利用 MATLAB 解决实际工程问题的能力。书中配有丰富的例题和习题。

本书既可作为理工科院校学生的教材或参考书,也可供工程技术人员学习参考。

本书的支持网站为国家级精品课程"计算机程序设计"的网站(http://programming.xjtu.edu.cn)。该网站上提供本书的教学课件和其他辅助资料(请到网站相关的板块查询),可供教师教学和学生自学使用。

图书在版编目(CIP)数据

精讲多练 MATLAB/罗建军,杨琦编著. —3 版. —西安:西安交通大学出版社,2018.9(2024.8 重印)
ISBN 978-7-5693-0903-4

Ⅰ.①精… Ⅱ.①罗… ②杨… Ⅲ.①Matlab 软件—高等学校—教材
Ⅳ.①TP317

中国版本图书馆 CIP 数据核字(2018)第 227989 号

书　　名	精讲多练 MATLAB(第 3 版)	
编　　著	罗建军　杨　琦	
主　　审	冯博琴	
责任编辑	贺峰涛　屈晓燕	
出版发行	西安交通大学出版社	
	(西安市兴庆南路 1 号　邮政编码 710048)	
网　　址	http://www.xjtupress.com	
电　　话	(029)82668357　82667874(市场营销中心)	
	(029)82668315(总编办)	
传　　真	(029)82668280	
印　　刷	西安日报社印务中心	
开　　本	787 mm×1092 mm　1/16　印张 11.875　字数 275 千字	
版　　次	2002 年 8 月第 1 版　2010 年 1 月第 2 版　2019 年 1 月第 3 版	
印　　次	2024 年 8 月第 3 版第 8 次印刷(总第 22 次印刷)	
书　　号	ISBN 978-7-5693-0903-4	
定　　价	36.00 元	

如发现印装质量问题,请与本社市场营销中心联系。
订购热线:(029)82665248　(029)82667874
投稿电话:(029)82664954
读者信箱:eibooks@163.com

第 3 版前言

岁月如梭,时光荏苒,本书自 2002 年出版,转眼间十六个年头过去了。其间信息技术发展日新月异,人类生活方式、学习方式、工作方式乃至思维方式都发生了翻天覆地的变化。虽然本书也曾修订再版过,但技术的发展、读者需求的变化,都对本书的内容和组织提出了新的要求。在这期间,作者本人也经历了远渡重洋、重新回炉读博、转型业界研发等一系列人生转折。多年来在不同领域使用 MATLAB 的经历,使作者对 MATLAB 的认识和理解更加深入。更深地体会到在这飞速变化的时代,总有一些东西是不变的,而这些不变的东西就是我们应该重点学习掌握的。因此,一直希望能够有机会和读者们分享这些心得。恰好多年的好友贺峰涛编辑联系本人,希望能够再次修订本书,于是克服工作、生活上的困难,再作"冯妇",衷心希望这次修订能够对读者有所裨益。

在具体的修订中,考虑到读者计算机水平的普遍提高和互联网的普及,可能有些技能已经成为常识,以前很难查找的参考资料也已经很容易获得,因此在这一版中,我们删除了"MAT-LAB 的安装"等对读者来说已经不再重要的内容。其他修改的内容包括:

(1)根据目前最新的版本 MATLAB R2017b(MATLAB 9.3),对相关概念和功能都做了调整。如第 3 章"MATLAB 的符号计算"在语法和表述形式上就有比较大的改动。同时,修改、删除了一些过时的内容,并相应地增加了新的知识点和技能点。

(2)鉴于函数及文件操作在工程实践中的广泛应用,本次修订专门增加第 6 章"函数与文件"。对一些较新或高级的数据类型如结构数组、表等也在这一章的自学内容中予以介绍,给读者提供一些快速入门的途径。

(3)修订了部分例题和习题,强调了一些实际工作当中常用功能的介绍并进行案例分析。

编者于美国波士顿
2018 年 1 月

第 2 版前言

本书自 2002 年问世以来，受到广大读者的喜爱，有些学校还将本书选为教材。在使用当中，很多读者及兄弟院校通过电子邮件或网络留言板等方式给作者提供了很多有益的反馈意见。

通过 7 年的积累，我们对如何更好地讲解 MATLAB 有了进一步的认识；同时，在这期间 MATLAB 产品版本也已进行了多次更新升级，有些概念和功能发生了根本性的变化，因此我们深感对本书的相关内容有重新修订的必要。

在修订本教材时，作者对每章内容都重新进行了研究论证，并综合考虑了知识体系结构、计算机教学规律和学生学习习惯等诸多因素。因此，除了修正原书的错误外，新版在第 1 版基础上还做以下的改动：

(1)将产品版本从 MATLAB 6.0 提高的到目前最新的 MATLAB R2009a(MATLAB 7.8)，各章中对应的概念和功能都做了相应调整。

(2)重新编写了第 5 章，整理优化了相关内容，突出了程序设计基本概念和方法。

(3)鉴于 Simulink 仿真在工程实践中的地位日益提高，本次修订专门将原来的附录部分重新编写，扩充了相关的知识点和技能点，并调整到正文中的第 6 章。

(4)对基本应用中涉及较少的用户图形界面设计(原第 6 章)方面的内容进行修改和缩编，调整为附录 B。

(5)修改和增加了部分例题和习题。

本次修订工作由罗建军(第 1~5 章)，杨琦(第 6 章，附录)负责完成，全书由罗建军统稿。

"一切为了教学，一切为了读者"是我们的心愿和目标，但 MATLAB 内容丰富、庞杂，因作者水平所限，难免有不足之处，恳请读者指正。

编　者
2009 年 7 月

第 1 版前言

MATLAB 是一个集数学运算、图形处理、程序设计和系统建模为一体的著名的语言软件,具有功能强大、使用简单等优点,是进行科学研究和工程实践的有力工具。

本书作为 MATLAB 的入门教科书,适用于高等学校理、工、管等各类学生解决实际工程计算问题能力的培养。其目的是使学生能够使用 MATLAB 进行一般的工程计算,掌握使用 MATLAB 这类工程计算软件工具的基本技术,包括基本计算、矩阵处理、符号运算和计算结果的可视化等。

本教程共分 6 章,分别对应 6 个教学重点。课程起点设计为"从零开始",不要求学生有程序设计方面的先修课程。但在学习本课程时,学生最好对计算机的使用有一定了解(如会使用 Windows 系统,具有键盘操作和文件处理等基础知识)。

为了使基础不高的初学者也能很快地掌握学习 MATLAB,我们秉承本中心冯博琴教授的曾荣获国家级教学成果一等奖的计算机基础教育的改革成果,特别是其中的"精讲多练"的教学模式,并结合以现代教育理论为指导,以多媒体教学手段为辅助,在确定教学目标、设计教学模式、编写教程内容等方面进行了一系列改革。实践证明,采用"精讲多练"模式进行计算机程序设计语言的教学组织,可以取得很好的教学效果。

为了便于教学,每章均按以下主题进行组织。

• 教学目标和学习要求:本书的特点是"精讲多练",因此为教师和学生规定明确的教学和学习目标是非常重要的。

• 授课内容:是建议教师课堂讲授的内容。一般来说,授课内容是本单元所有教学内容的"纲",起着联系本单元所有项目的作用。授课内容只讲思路和重点、难点,不可能面面俱到,但对要讲的内容则是浓墨重彩,力求写出内容的精髓。

• 自学内容:"自学内容"和"授课内容"部分一起组成了一个单元的基本教学内容。这部分内容通常都是"授课内容"的延伸和继续,由学生在课外时间自学。必须强调的是自学部分并非不重要,也不能省略。一般来说,教师应在授课时间内抽出部分时间对自学内容和调试技术略作导引,以便于学生自学。

• 调试技术:集中介绍 MATLAB 集成环境的使用方法,强调编程实践是本书的重要特色。该主题可以作为学生上机的实验指导书,辅导教师在带学生上机时应对这部分内容进行现场辅导。

• 应用举例:为了补充授课内容和自学内容部分的例题,专门设置了程序设计举例栏目。其中例题均与本章的授课、自学或调试技术等部分的内容密切相关,是学生学习和复习本单元内容的重要参考资料。

• 上机练习题:每章均配有若干上机练习题目,供学生动手实践。"精讲多练"教学方法的基本特点是上机时数较多,所以这部分的习题工作量较大,因此在上机时数不足的情况下可酌情选做若干题目。

"精讲多练"是对师生双方的要求，"授课内容"可以作为教师"精讲"建议，其他主题都与"多练"有关，多练并不意味着"泡"机时，必须做与教学目标要求相联系的动手上机练习题；"多练"还要求学生学会独立钻研技术的能力，每章的"自学内容"就是为此而设的。这种组织方式，学生负担会重一些，不过能为他们以后的发展创造更大的空间。

本书由西安交通大学计算机教学实验中心教师撰写：罗建军（第 1、2、3、4 章及附录）、杨琦（第 5、6 章），全书由国家级教学名师冯博琴教授主审。

本书在付印之前曾经作为校内讲义在西安交通大学使用了两年，学生反映效果良好。但由于作者水平有限，若有不当之处，敬请批评指正。来信请发至如下电子邮箱：heft@mail.xjtu.edu.cn（责任编辑）；jjluo@ctec.xjtu.edu.cn（罗建军）；qyang@ctec.xjtu.edu.cn（杨琦）。

编　者

2002 年 4 月

目　录

第 1 章

MATLAB 语言的基本使用方法

教学目标

介绍 MATLAB 的基本知识及上机环境。

学习要求

通过本章的学习,了解 MATLAB 语言的特点,熟悉集成视窗环境的基本使用方法,掌握变量、函数等有关概念,学会利用 MATLAB 进行基本的数学运算,具备将一般数学问题转化成对应的计算机模型并进行处理的能力。

授课内容

1.1 基本运算

使用 MATLAB 进行数学式的计算就像用计算器做基本数字运算一样简单方便。假设要计算 $1+2+3+4+5$ 的结果,则只需在系统提示符号">>"之后键入该算式,MATLAB 就会马上将计算的结果显示出来(见图 $1-1$):

>> 1+2+3+4+5

ans=

    15

或者如果算式是 $x=1+2+3+4+5$,计算的结果将以变量 x 的形式显示:

>> x=1+2+3+4+5

x=

    15

这样就可以利用已经存储在工作区内的变量 x 来完成更复杂的问题求解。如:

>> x=15

x=

    15

>> y=10

y=

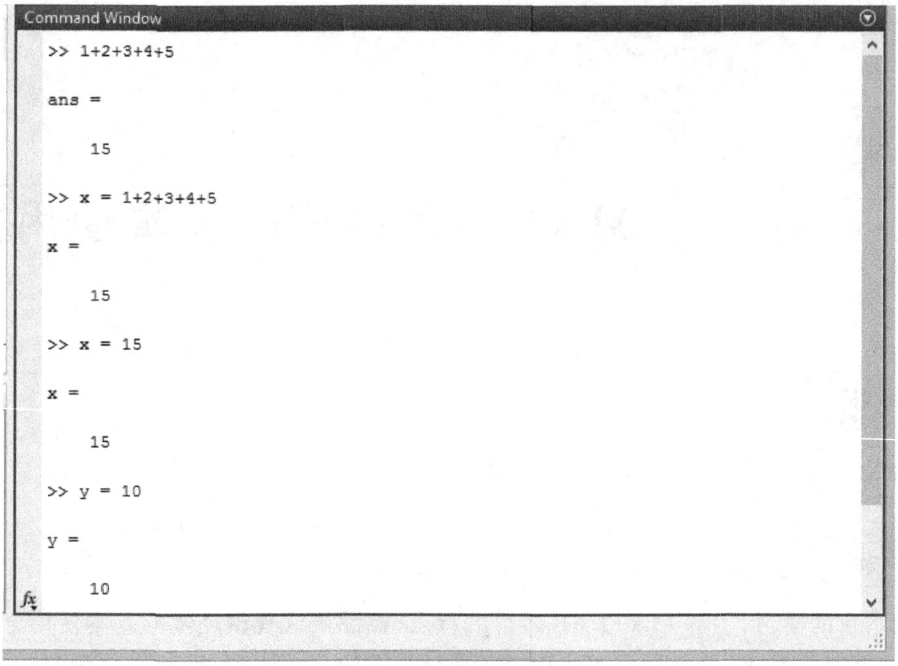

图 1-1　使用 MATLAB 进行简单数学运算

```
    10
>> z=7
z=
    7
>> total=x+y*2+z*5
total=
    70
>> average=total/3
average=
    23.3333
```

如果用户开始计算时没有指定一个变量来存储运算结果，系统会自动将结果存储在临时变量"ans"中。如：

```
>> 2+3
ans=
    5
```

一行中也可以同时有几个语句，它们只要用逗号或分号隔开就可以了(注意：使用逗号和分号所起的功能不同)。如：

```
>> a=2;b=3;
>> a*b
ans=
    6
```

如果用逗号隔开,屏幕会对输入信息有所回应。例如:

$>>$ a＝2,b＝3

a＝

　　2

b＝

　　3

除了以上运算,MATLAB 还提供了其他的算术运算,见表 1－1。

表 1－1　MATLAB 的基本算术运算符

运　　算	符　　号	示　　例
加	＋	1＋2
减	－	1－2
乘	＊	1＊2
除	／	1/2
幂次方	^	2^3

在 MATLAB 运算中,算式的求值次序和一般的数学求值次序相同。基本运算都是从左向右执行,幂次方的优先级最高,乘除次之,最后是加减,如果有括号,则括号优先。

例 1－1　有一个半径 r＝3 的圆,计算这个圆的面积。

解:应用 MATLAB 求解过程如下。

$>>$ r＝3;　　　　　　　　% 指定半径值,结尾的分号";"表示不需要系统给出运行结果

$>>$ area＝pi＊r^2　　　% 计 算 圆 面 积

area＝

　　28.2743

在上面例子中,使用了被称为注释符的符号"％",注释符后面一般跟一些用于说明或解释该段程序的功能、变量的作用的内容,它们一起构成了程序的注释。值得注意的是,注释是给人看的,用来帮助编程者或其他人理解程序,它们不是可执行语句,在程序运行时都会被系统忽略掉。所以不论有多少注释,都不会对最终结果产生影响。恰当地使用注释可以使程序清晰易懂,便于编程者之间交流和协作。

在当前系统默认情况下,MATLAB 中的变量是以双精度浮点(double-precision floating)类型进行运算和存储的。由于计算机内存空间的限制,MATLAB 无法像真正的数学运算那样,进行无误差操作。例如,类似于分数 4/3 这样的数值就没有办法存储精确值。所以,如下的计算结果并不完全等于 0,而是某一个系统极小值。

$>>$ 1－3＊(4/3－1)

ans＝

　　2.2204e－16

此外,MATLAB 还提供了更加高级的功能,能将计算结果以不同精度的数字格式显示,它是靠系统所提供的 format 命令完成的,该命令可以控制数据的显示格式,在表 1－2 中以圆周率 π 值为例来说明它的用法。

表 1-2 format 命令

MATLAB 命令	含 义	示 例
format short	短格式	3.1416
format short e	短格式科学格式	3.1416e+000
format long	长格式	3.14159265358979
format long e	长格式科学格式	3.141592653589793e+000
format rat	有理格式	355/113
format bank	银行格式	3.14

除了上面所讲的基本算术运算以外,MATLAB 还支持用于比较数值、字符串等运算对象大小的关系运算,如表 1-3 所示。关系运算的结果一般是 1 或者 0,分别表示算式成立或不成立。

表 1-3 关系运算符

运 算	符 号	示 例
大于	>	1>2 计算结果是 0
小于	<	1<2 计算结果是 1
等于	==	1==2 计算结果是 0
不等于	~=	1~=2 计算结果是 1
大于等于	>=	1>=2 计算结果是 0
小于等于	<=	1<=2 计算结果是 1

这里的 0 或 1 其实是一种逻辑量。逻辑量只有两种情况,真(true)或假(false)。当算式成立时为真,否则为假。实际上,在 MATLAB 中,所有的非 0 数值都可以用来表示逻辑真,而对应的只有 0 表示假。

如果想对逻辑量(1 或 0)进行操作,就需要用到逻辑运算符,如表 1-4 所示。

表 1-4 逻辑运算符

运 算	符 号	示 例
与	&	1&1 计算结果是 1,1&0 计算结果是 0 0&0 计算结果是 0,0&1 计算结果是 0
或	|	1|1 计算结果是 1,1|0 计算结果是 1 0|0 计算结果是 0,0|1 计算结果是 1
非	~	~1 计算结果是 0,~0 计算结果是 1

1.2 变量

在中学的代数中,就已经学过使用拉丁字母、希腊字母及其他符号来表示未知数或可能会变化的数字,在计算机中也有相应的表示,称之为变量,它是指在程序执行过程中其值可以变化的量。变量在计算机内存中占据一定的存储单元,在该单元中存放变量的值。

　　每个变量都应该有一个名字,称为变量名。在 MATLAB 中,为变量命名时要遵循以下规定:

　　(1) 变量名应由字母、数字和下划线组成,字母间不能有空格,而且第一个字符必须为字母。

　　(2) 变量名中的英文字母大小写是有区别的(如 A1B、a1b、A1b、a1B 是四个不同的变量)。

　　(3) 变量名的最大长度是有限定的(不同版本的系统规定不同,如 19、31、63 个字符等。用户如想了解自己具体系统的规定长度,可以调用函数 namelengthmax),超出最大长度的那部分字符将会被系统自动忽略。

　　除了用户自己定义的变量以外,系统还提供了一些已经定义好且不能被用户清除的特殊变量,如表 1-5 所示。

表 1-5　MATLAB 系统的特殊变量

特殊变量	意　义
ans	如果用户未定义变量名,系统用于存储计算结果的默认变量名
pi	圆周率 π(=3.1415926...)
inf	无穷大 ∞ 值,如 1/0
eps	浮点数的精度,也是系统运算时所确定的极小值(=2.2204e-16)
NaN 或 nan	不定量,如 0/0 或 inf/inf
i 或 j	虚数单位 $i = j = \sqrt{-1}$

　　用户在命名自己定义的变量时,不要采用这些名称。另外,MATLAB 系统还将一些特定的标识符预先占用,用来表示系统本身的特定成分,称之为关键字,如 if、else、end 等,用户也不能用这些关键字作为自己的变量名(可以通过 iskeyword 命令来获得关键字列表)。

　　和一般程序设计语言不同,使用 MATLAB 无需事先进行变量声明。当系统遇到一个新变量名时,它会自动生成这个变量,并指定合适的存储空间。如该变量早已存在,系统会自动更新内容,在必要情况下它还会指定新的存储空间。

　　在 MATLAB 中,如希望得知变量当前的数值,只需直接输入变量名即可。

　　使用 who 和 whos 命令可以查看所有定义过的变量,其中 who 命令用于查看当前工作区的变量名称,whos 则更为全面,可以查看当前工作区的变量及其详细信息。

　　clear 命令能够删除所有定义过的变量,如果只是要去除其中的某几个特定的变量,则应在 clear 后面指明要删除的变量名称。如删除变量 r 及 area,可用

```
clear r area
```

<h2 align="center">1.3　常用函数</h2>

　　在数值运算中,常常要用到一些数学函数,例如:三角函数、指数函数、对数函数、开平方等。MATLAB 提供了大量的数学函数,不仅有 abs、sqrt、exp 和 sin 等初等函数,也包括 Bessel 和 gamma 等高级数学函数。这些函数使用方法简单但功能强大,例如当对负数进行平方根运算时,系统会自动生成复数结果。

如要列出初等数学函数，只需输入

　　help elfun

如要列出高级数学函数，只需输入

　　help specfun

　　help elmat

就可列出这些函数的帮助信息。

　　进一步分析，会发现这些函数还可以分为两类。一些函数如 sqrt 和 sin，属于内置函数，是 MATLAB 核心的一部分，执行效率很高，但其计算细节没有公开；另一些函数如 gamma 和 sinh 等是在 M 文件中执行的(关于 M 文件的概念，将会在第 6 章中加以介绍)，用户可以看到编码，必要时甚至可以对其进行修改以满足特殊需要。

　　使用 MATLAB 专门提供的一些常用函数时，只要按规定函数的标准书写(其中大部分函数以数学方式书写)，系统会自动予以处理。表 1-6 列出了部分常用函数。

表 1-6　常用函数列表

函　数	含　义
abs(x)	求绝对值
sqrt(x)	求平方根
exp(x)	指数运算
sin(x)	求正弦函数的值
cos(x)	求余弦函数的值
asin(x)	求反正弦函数的值
acos(x)	求反余弦函数的值
tan(x)	求正切函数的值
atan(x)	求反正切函数的值
log(x)	求自然对数的值
log10(x)	求常用对数的值
lcm(x,y)	求整数 x 和 y 的最小公倍数
gcd(x,y)	求整数 x 和 y 的最大公约数
imag(x)	取出复数的虚部
real(x)	取出复数的实部
conj(x)	求共轭复数

使用函数须注意以下几点：

　　(1) 函数一定是出现在等式的右边。

　　(2) 每个函数对其自变量的个数和格式都有一定的要求，如使用三角函数时要注意角度的单位是"弧度"而不是"度"。例如，sin(1)表示的不是 sin 1°而是 sin 57.28578°。

　　(3) 函数允许嵌套。就是说可以将一个函数或数个函数包含在某个函数体内。例如，形如 sqrt(abs(sin(225 * pi/180)))的语句是有效的。

自学内容

1.4　MATLAB 语言的历史、用途和特点

20 世纪 70 年代中期，Cleve Moler 博士和其同事开发了调用 EISPACK 和 LINPACK 的 FORTRAN 子程序库。其中，EISPACK 用来求解特征值，LINPACK 用来解线性方程。同年代后期，Cleve Moler 担任美国新墨西哥州立大学计算机系的系主任，为了让学生方便地调用 EISPACK 和 LINPACK，他设计了接口程序，并取名 MATLAB（MATrix LABoratory，矩阵实验室），即 Matrix 和 Laboratory 的组合。早期的 MATLAB 是用 FORTRAN 编写的，只能进行矩阵运算；绘图也只能用星号描点等一些简单形式；系统也只提供了几十个内部函数。虽然其功能非常简单，但当作为免费软件推出以后，还是吸引了大批的使用者。1984 年，Cleve Moler 和 John Little 组建了 MathWorks 公司。现在 MathWorks 已经逐步成为全球科学计算和基于模型设计的软件供应商中的领导者，其总部设在美国马萨诸塞州的 Natick，在世界各地都有分支机构（2007 年在北京成立了中国分公司），一共拥有数千名员工。

第一个商业化的 MATLAB 是于 1984 年由 MathWorks 公司推出的，该版本基于当时流行的 DOS 操作系统，本身也由 C 语言重新编写；1992 年具有划时代意义的 MATLAB 4.0 版本发布，用户数剧增；1994 年的 4.2 版本扩充了 4.0 版本的功能，尤其在图形界面设计方面提供了新的方法；1997 年推出的 5.0 版允许了更多的数据结构，如单元数据、多维矩阵、对象与类等，使其扩展为一种非常方便编程的语言工具；1999 年推出的 MATLAB 5.3 版在很多方面又进一步提高了 MATLAB 语言的功能；2000 年 10 月底推出了其全新的 MATLAB 6.0 正式版（Release 12），在核心数值算法、界面设计、外部接口、应用桌面等诸多方面有了极大的改进；2004 年 9 月则推出 MATLAB 7.0（Release 14），该版本新增加了 12 个新产品模块，升级了 28 个产品模块，同时对 MATLAB 编程环境、代码效率、数据可视化、数学计算、文件 I/O 等方面进行了升级；在这之后基本上每年都会稳定地发布两个更新版本，如目前较新的版本 R2017b（MATLAB 9.3）就是在 2017 年 9 月正式推出的。

现在的 MATLAB 支持各种操作系统，能够运行在十几个操作平台上，其中比较常见的有基于 Windows、OS/2、Macintosh、SUN、UNIX、Linux 等平台系统。MATLAB 再也不是一个简单的矩阵实验室了，它已经逐渐演变成为一种用于算法开发、数据可视化、数据分析以及数值计算的计算机高级编程语言和交互式环境。

MATLAB 支持交互式语言形式，所谓交互式语言，是指当人们给出一条命令后，系统立即就可以得出该命令的结果，该语言无需像传统的编程语言（如 C、C++、Java 和 FOR-TRAN）那样，首先要求使用者编写源程序，然后对其进行编译、连接，最终才能形成可执行文件。因此它的使用极其简单方便，可以更快地解决技术计算问题。

MATLAB 的开发环境直观简洁，它以矩阵作为基本数据单位进行数值运算，具有用法简单、灵活、程序结构性强、延展性好等优点，已经逐渐成为科技计算、视图交互系统和程序中的首选语言工具。特别是它在线性代数、数理统计、自动控制、数字信号处理、动态系统仿真等方面表现突出，已经成为科研工作人员和工程技术人员进行科学研究和生产实践的有利武器。

MATLAB 具有以下几个特点：

- 功能强大的数值运算功能：MATLAB 有大量的数学、统计、科学及工程方面的函数可供调用，这些函数使用方法简单自然，允许用数学形式的语言编写程序。另外，用户也可以加入自己的函数使系统成为使用者所需要的环境。MATLAB 编程效率高，易学易懂，因此，该语言也被通俗地称为演算纸式科学算法语言。

- 强大的图形处理能力：在 MATLAB 中数据的可视化非常方便，可以很容易地制作高品质的图形。用 MATLAB 绘图十分方便，大部分绘图只须调用不同的绘图函数（命令），在图上标出图题、XY 轴标注，格（栅）绘制也只须调用相应的命令或直接采用可视化交互工具完成，简单易行。另外，在调用绘图函数时调整自变量可绘出不变颜色的点、线、复线或多重线。这种为科学研究着想的设计是一般通用的编程语言所不及的。

- 高级且简单的程序环境：既有结构化的控制语句，又有面向对象的编程特性。用 MATLAB 进行编程十分简单，所花的时间约为用 FORTRAN 或 C/C++ 的几分之一，而且不需要编译及链接即可执行。此外，它的语法限制不严格，可移植性好。

- 丰富的工具箱与模块集：这些功能强劲的工具箱提供了使用者在许多特别应用领域所需的函数。同时系统还包含很多种特殊函数，可将基于 MATLAB 的算法与外部应用程序和语言（如 C、C++、FORTRAN、COM 以及 Microsoft Excel）进行集成。

- 易于扩充：除内部函数外，所有 MATLAB 的核心文件和工具箱文件都是既可读又可改的源文件，用户能根据自己的需要对这些源文件进行修改，或加入自己编写的文件。

除了 MATLAB 以外，目前在科学和工程领域上比较流行的数学软件还有 R、Maple、MathCAD 和 Mathematica，它们在功能方面各有所长。

1. R

R 是一种用于统计分析和绘图的软件，也可以用于矩阵运算，其功能完善、统一，因此有人也把它当作一种数学计算环境。R 最早是由新西兰奥克兰大学的 Ross Ihaka 和 Robert Gentleman（据说 R 的名称就是由这两人的名字首字母而来）于上个世纪 90 年代创建，目前由一个 R 开发核心团队负责继续开发。

R 是一种可编程的语言，其语法简单明了，功能强大。另外，通过可以共享的用户套件，R 具有很强的扩展性。值得一提的是，R 是一种自由免费的软件，其源代码可自由下载使用，可以运行于多种平台之上。

正是由于这些优点，近年来，在学术界和工业界 R 逐渐流行起来。

2. Maple 系统

Maple 是由加拿大滑铁卢大学的科研人员于 1980 年开发的数学系统软件，它不但具有精确的数值处理功能，而且具有无以伦比的符号计算功能。Maple 的符号计算能力还是 MathCAD 和 MATLAB 等软件的符号处理的核心。Maple 提供了数千种数学函数，涉及范围包括：普通数学、高等数学、线性代数、数论、离散数学、图形学。它还提供了一套内置的编程语言，用户可以用来开发自己的应用程序。而且 Maple 自身的函数基本上也是用此语言开发的。

Maple 采用字符行输入方式。输入时需要按照规定的格式，虽然与一般常见的数学格式不同，但灵活方便，也很容易理解。输出则可以选择字符方式和图形方式，产生的图形结果能很方便地剪贴到 Windows 应用程序内。

3. MathCAD

MathCAD 是美国 Mathsoft 公司推出的一个交互式的数学系统软件。它是集文本编辑、数学计算、程序编辑和仿真于一体的软件。它的输入格式与人们习惯的数学书写格式很近似，采用"所见即所得"界面，特别适合一般无须进行复杂编程或要求比较特殊的计算。同时还带有一个程序编辑器，其优点是语法特别简单，对于一般比较短小，或者要求计算速度比较低的应用很方便。

MathCAD 能够以 MathCAD、RTF、PDF、HTML 等多种格式进行存储，它遵循 XML 标准，利用 MathML 文件格式对文件进行存取，能够在 Intranet 和 Extranet 间无缝移动。MathCAD 还兼容 Microsoft Office 系列产品、AutoCAD、Axum、SmartSketch、VisSim、MatLab 以及所有 ODBC 数据资源等，大大地方便了各种用户的需求。

4. Mathematica

Wolfram Mathematica（简称 Mathematica）是由英裔美国物理学家 Stephen Wolfram 领导的 Wolfram Research 开发的数学系统软件，它拥有强大的数值计算和符号计算能力。它是 Maple 的主要竞争对手。

Mathematica 的基本系统主要是用 C 语言开发的，可以比较容易地移植到各种平台上，它本身是一个交互式的计算系统，计算是在用户和 Mathematica 互相交换、传递信息数据的过程中完成的。Mathematica 系统所接受的命令都被称作表达式，系统在接受了一个表达式之后就对它进行处理，然后再把计算结果返回。

Mathematica 的主要使用者是从事理论研究的数学工作者和其他科学工作者，也有部分工程技术人员使用。

1.5　MATLAB 产品家族

现在，MATLAB 已经成为一个系列产品，包括了 MATLAB 及其扩展、工具箱、Simulink 等众多组件，它们一起构成了 MATLAB 的产品家族。

1. MATLAB

这是所有 MathWorks 公司产品的基石，它提供进行数据处理和分析的集成开发环境，包括了数值计算、二维和三维图形、程序设计等功能。

2. MATLAB 扩展（Extensions）

这是可选择性工具，包括 MATLAB 编译器、Web 服务器、数据库工具箱、报表生成器等，用来支持在 MATLAB 环境中对系统的实施与开发。

3. 工具箱（Toolboxes）

MATLAB 工具箱（见图 1-2）实际上是针对解决特定种类问题而特别制作的函数库，用来解决不同专业领域的问题。它具有开放性和可扩展性，用户甚至可以加入自己的工具箱。因此，工具箱的数目非常庞大。这些工具箱集成了 MATLAB 函数并扩展了 MATLAB 工作环境，可以解决一些特殊类别的问题。用户能够方便快捷地使用复杂的理论公式或仿真工具，免除了自己编写复杂而庞大的算法程序的困扰。

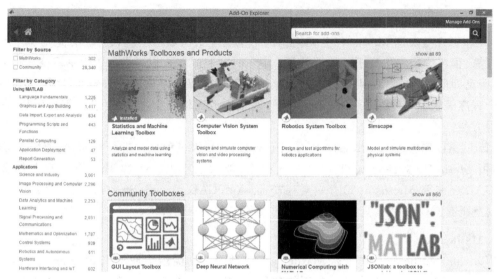

图 1-2　MATLAB 常用工具箱

　　大致可将工具箱分为两类:功能型工具箱和领域型工具箱。功能型工具箱主要用来扩充 MATLAB 的图形建模仿真功能、符号计算功能、文字处理功能以及与硬件实时交互功能,能用于多种学科。而领域型工具箱的专业性很强,一般用于某一特定领域如控制工具箱、金融工具箱等。

　　下面对一些常用的工具箱进行简单的介绍:

　　(1) 控制系统工具箱(Control System Toolbox)

　　它实现普通的控制系统设计、分析和建模技术。控制系统可作为传输函数或状态空间形式来建模,允许使用经典和现代的技术。可以轻松快速地完成连续系统设计和离散系统设计,进行状态空间和传递函数、模型转换、频域响应、时域响应、根轨迹等方面的计算。

　　(2) 通信工具箱(Communication Toolbox)

　　该工具箱提供数百种函数和 Simulink 模块用于通信系统的仿真和分析。

　　(3) 金融工具箱(Financial Toolbox)

　　早期的 MATLAB 是为解决工程问题开发的,现在它的使用范围逐步扩大,甚至加入了能进行金融分析的金融工具箱,可以完成诸如成本、利润分析,市场灵敏度分析,业务量分析及优化,偏差分析,资金流量估算,财务报表等方面的工作。

　　(4) 频率域系统辨识工具箱(Frequency Domain System Identification Toolbox)

　　该工具箱提供了辨识具有未知延迟的连续和离散系统,计算相值/相位、零点/极点的置信区间,设计周期激励信号、最小峰值、最优能量等功能。

　　(5) 模糊逻辑工具箱(Fuzzy Logic Toolbox)

　　该工具箱提供了自动控制、信号处理、自适应神经模糊学习等功能,具有友好的交互设计界面,能支持 Simulink 动态仿真。

　　(6) 高级频谱分析工具箱(Higher-Order Spectral Analysis Toolbox)

　　该工具箱提供了高级频谱估计、信号中非线性特征的检测和刻画、延时估计、幅值和相位重构、阵列信号处理、谐波重构方面的功能。

（7）图像处理工具箱（Image Processing Toolbox）

该工具箱提供了显示及处理图像数据的功能，具有二维滤波器设计和滤波，图像恢复增强，色彩、集会及形态操作，二维变换，图像分析和统计的功能。

（8）线性矩阵不等式控制工具箱（LMI Control Toolbox）

该工具箱提供以下功能：LMI 的基本用途、基于 GUI 的 LMI 编辑器、LMI 问题的有效解法、LMI 问题解决方案等。

（9）模型预测控制工具箱（Model Predictive Control Toolbox）

该工具箱提供建模、辨识及验证功能，支持 MISO 模型和 MIMO 模型、阶跃响应和状态空间模型。

（10）神经网络工具箱（Neural Network Toolbox）

神经网络广泛应用于工程、金融和人工智能等领域，MATLAB 提供的神经网络工具箱具有的功能包括：BP、Hopfield、Kohonen、自组织、径向基函数等网络，竞争、线性等传递函数，前馈、递归等网络结构，性能分析及应用。

（11）最优化工具箱（Optimization Toolbox）

该工具箱提供以下功能：线性规划和二次规划，求函数的最大值和最小值，多目标优化，约束条件下的优化，非线性方程求解。

（12）偏微分方程工具箱（Partial Differential Equation Toolbox）

该工具箱提供以下功能：二线偏微分方程的图形处理与几何表示、自适应曲面绘制、有限元方法。

（13）信号处理工具箱（Signal Processing Toolbox）

该工具箱提供以下功能：数字和模拟滤波器设计、应用及仿真，谱分析和估计，FFT、DCT 等变换，参数化模型。

（14）样条工具箱（Spline Toolbox）

该工具箱提供以下功能：分段多项式和 B 样条，样条的构造，曲线拟合及平滑，函数微分、积分。

（15）统计工具箱（Statistics Toolbox）

该工具箱提供了描述、推理和图形统计的功能，还包括概率分布和随机数生成、多变量分析、回归分析、主元分析、假设检验等功能。

（16）小波工具箱（Wavelet Toolbox）

小波理论广泛应用于影像及通信信号的处理方面，小波工具箱将这些理论进行集成，可完成基于小波的分析和综合，图形界面和命令行接口，一维、二维小波，自适应去噪和压缩方面的工作。

（17）符号数学工具箱（Symbolic Math Toolbox）

符号数学工具箱支持符号运算和绘图功能，可以进行符号微积分、因式分解、方程求解等方面的工作。

（18）其他工具箱

针对不同应用，MATLAB 还有其他的一些工具箱，如地图工具箱（Mapping Toolbox）、鲁棒控制工具箱（Robust Control Toolbox）等，这些工具箱一起提供了一个完整的解决方案，基本包含了科研和工程计算的方方面面。

对用户而言,不仅可以使用随 MATLAB 软件所附带的大量工具箱,还能利用其他上千种由第三方公司或机构开发的工具箱。值得一提的是,这些工具箱大多是免费的,它们覆盖的专业更加广泛,如果读者在工作或学习中要用到某个工具箱,可以查阅有关资料或随工具箱附带的软件说明书。

4. Simulink

这是对非线性动态系统进行建模、仿真和分析的图形互动系统,它把模块图形界面和 MATLAB 主要数值、图形和语言函数有效地组合起来,具有生动的模拟能力。本书的第 7 章将详细介绍这部分内容。

调试技术

1.6　MATLAB 系统的使用方法

1.6.1　启动 MATLAB

安装(并激活)MATLAB 后,执行 MATLAB 应用程序就进入了 MATLAB 视窗环境(图 1-3),它是用户以后工作的基本环境,用户在这里键入指令,MATLAB 也将计算的结果显示于此。

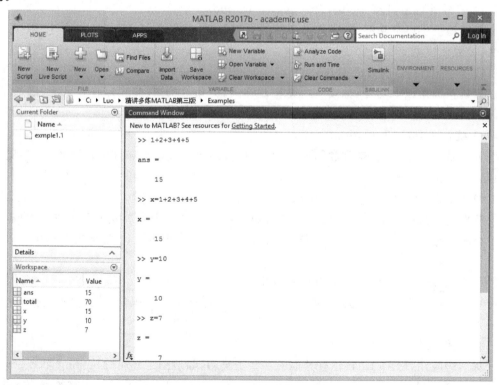

图 1-3　MATLAB 集成视窗环境

1.6.2　MATLAB 集成视窗环境

MATLAB 视窗环境是一个集窗口、菜单、工具栏、指令编辑及管理等功能为一体的系统,通过该集成环境,用户可以实施、观察和控制整个开发过程。在当前默认设置情况下,MATLAB 集成视窗环境主要包括 4 个区:主窗口区、命令窗口区、当前目录区、工作空间区。同时用户也可以通过菜单选择显示诸如用户近期输入过的命令及其对应的时间的命令历史区等功能。

1. 主窗口区

主窗口区包含了标题栏、菜单栏和工具栏等栏目。

主窗口区最上面显示"MATLAB"字样的一栏为标题栏,标题栏的右边依次为窗口最小化按钮、窗口缩放按钮和关闭窗口按钮。标题栏下面有三个菜单栏:主菜单栏 HOME、绘图栏 PLOTS 和应用程序栏 APPS。主菜单栏包括了常用的工具按钮,分别属于文件操作类 File、变量操作类 Variable、代码操作类 Code、仿真工具 Simulink、环境设置 Environment 和资源 Resources 等。用户可通过鼠标左键单击选择其中相应的图标来调用相应的功能。

2. 命令窗口区(Command Window)

命令窗口区用于输入和显示计算结果。在 MATLAB 启动后,将显示提示符号">>"。用户在提示符后面键入命令,按下回车键后,系统会自动解释执行所输入的命令,并给出计算结果。当然,如果在输入命令行尾使用分号,则不在屏幕上显示结果。另外,如果在一行中想输入的数据太多,以至于无法输完,可以在行尾加上 3 个句号(...)来表示续行。

在进行 MATLAB 命令行编辑时,可以使用很多键盘上的控制键和方向键。例如 Ctrl+C (即先按 Ctrl 键,再按 C 键)用来中止正在执行中的 MATLAB 的工作,利用↑、↓两个箭头键可以将所用过的指令调回来重复使用。其他的键如→、←、Home、End、Delete、Insert 等,其功能一用即知。

3. 当前目录区(Current Directory)

在该区域中可显示或改变当前工作目录,还可以显示当前目录下的文件,包括文件名、文件类型、最后修改时间等信息。

4. 工作空间区(Workspace)

工作空间区中显示所有当前保存在内存中的 MATLAB 变量名、值、类型等信息,可帮助用户了解当前变量使用情况,也可通过双击某一个变量来打开变量窗口,对该变量所存储的数值内容进行查看。

1.6.3　结束 MATLAB

有 3 种方法可以结束 MATLAB 系统:

(1) 在命令窗口键入"exit";

(2) 在命令窗口键入"quit";

(3) 直接点击关闭 MATLAB 的集成视窗。

1.7　　MATLAB 技术支持

在使用 MATLAB 解决问题时,常常会发现对某些函数或命令的用法不甚了了,除了查找参考书外,还可利用 MATLAB 系统本身提供的帮助文档。这些文档内容极其丰富,可以帮助用户解决遇到的大多数问题。

有很多方法来获得帮助文档:帮助命令、lookfor 命令、帮助文档窗口或直接访问 Math-Works 公司网站资源等。下面分别介绍其使用方法。

1. 帮助命令(help)

帮助命令是查询函数相关信息的最基本方式,信息会直接显示在命令窗口中。如果已知要找的题材(topic),可直接键入 help <topic>。例如,键入命令

```
help sin
```

得到如下结果:

```
sin     Sine of argument in radians.
sin(X) is the sine of the elements of X.
See also asin,sind.
```

2. lookfor 命令

该命令可以根据用户键入的关键字(即使这个关键字并不是 MATLAB 的指令)查找出所有相关的题材,和 help 比起来,lookfor 所能覆盖的范围更宽,可查找到包含在某个主题中的所有词组或短语。例如对 sin 函数使用 lookfor 命令:

```
>> lookfor sin
```

得到如下的搜索结果:

```
loopswitch       —Create switch for opening and closing feedback loops.
ExhaustiveSearcher    —Neighbor search object using exhaustive search.
KDTreeSearcher     —Neighbor search object using a kd—tree.
tscollection     —Create a tscollection object using time or time series objects.
detrend      —Remove a linear trend from a vector,usually for FFT processing.
fillmissing      —Fill missing entries
ismissing      —Find missing entries
rmmissing      —Remove rows or columns with missing entries
standardizeMissing     —Convert to standard missing data
cell2mat      —Convert the contents of a cell array into a single matrix.
```

3. 帮助窗口(Help Window)

帮助窗口是最有效和最全面的提供帮助文档的方法,窗口式的帮助界面在使用时也更为方便直接,是 Windows 应用程序常用的方式。通过双击工具栏里的"? Help"按钮可以打开如图 1-4 的帮助文档窗口。

在这个帮助文档窗口中,左侧的窗格包含有各种信息定位方法,通过单击列表中的主题,即可浏览或查找所需的各种信息;右侧的窗格则显示所选择的主题的具体内容,这些内容是以

图 1-4　帮助文档窗口

网页形式存在的,其中的相关内容可以通过超文本链接连接到其他的相关主题。

窗口右上端有一个搜索框,允许用户寻找包含指定词或短语的主题。它是一个全文本搜索引擎,能提供更多的文章以供选择。搜索结果的好坏很大程度上取决于所使用的搜索字符串及搜索运算符。

4. MathWorks 网站和其他网络资源

如果读者想得到 MATLAB 的最新消息或者是对某些问题发表一些看法,可以直接访问 MATLAB 的制造商——美国 MathWorks 公司的网站(http:∥www.mathworks.com,其主页见图 1-5)。该网站上有大量 MATLAB 方面可供利用的资源,访问者一般总能通过其强大的链接功能找到问题的答案。

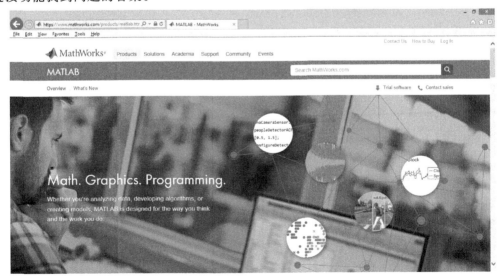

图 1-5　MathWorks 公司主页

除此以外,在 Internet 上还有很多专业或业余网站也提供了许多有价值的 MATLAB 资源。读者可以利用它们来获得许多有意义的帮助,找到很多免费的代码和工具箱,也可以通过参加 MATLAB 讨论来学习新知识,获得最新的 MATLAB 消息。

以下列出一些常用的网站地址,感兴趣的读者可以去浏览。

①www. mathworks. com/matlabcentral　　MATLAB 中心,包括 MATLAB 文件交换中心(内含 MATLAB、Simulink 及其相关产品的用户和开发者所提供的成千上万种文件)、MATLAB 新闻组、MATLAB 博客等栏目,是 MATLAB 和 Simulink 用户的开放社区。

②www. ilovematlab. cn　　号称是全球最大的 MATLAB & Simulink 中文社区,用户免费注册会员后,即可下载代码,讨论问题。

③www. labfans. com　　MATLAB 中国论坛|实验室爱好者之家,是一个针对大学生、工程师和科研工作者的技术社区。开设有从基础学习、接口编程、图像处理到工具箱及专业算法等多个板块。

④stackoverflow. com　　是目前全球最大的软件开发者社区,每月都有超过 5000 万开发者分享他们的问题和解决方案,基本上可以在这里找到或问到任何与软件开发问题相关的答案,堪称全球程序员的知识库。但由于这个社区的主要交流语言是英语,因此特别适合于英文程度较好的用户使用。

当然,如果想得到更多 MATLAB 网络资源或某个特定问题的答案,也可以利用搜索引擎去寻找:

①www. google. com　　拥有目前最好的搜索引擎,可以很容易地找到大量网站资料。

②www. baidu. com　　百度,是全球最大中文搜索引擎。此外,其贴吧区中的 MATLAB 吧也给用户提供了很好的交流讨论场地。

应用举例

例 1-2　设两个复数 $a=1+2i, b=3-4i$,计算 $a+b, a-b, a\times b, a/b$。

解: 应用 MATLAB 求解过程如下。

```
>> a=1+2i;b=3-4i;
>> a+b
ans=
    4.0000-2.0000i
>> a-b
ans=
    -2.0000+6.0000i
>> a*b
ans=
    11.0000+2.0000i
>> a/b
ans=
    -0.2000+0.4000i
```

例 1-3　计算下式的结果,其中 $x=-3.5°,y=6.7°$:

$$\frac{\sin(\mid x\mid+\mid y\mid)}{\sqrt{\cos(\mid x+y\mid)}}$$

解: 应用 MATLAB 求解过程如下。

\>> x=pi/180 * (-3.5);y=pi/180 * 6.7;

　　　　　　　　　% 将角度单位由度转换为数学函数所能处理的弧度值

\>> z=sin(abs(x)+abs(y))/sqrt(cos(abs(x+y)))

z=

　　0.1772

例 1-4　我国人口按 2000 年第五次全国人口普查的结果为 12.9533 亿,如果年增长率为 1.07%,求 2025 年末的人口数。

分析: 计算人口的公式为:$P_1=P_0(1+r)^n$。其中:P_1 为 n 年后的人口,P_0 为人口初值,r 为年增长率,n 为年数。

解: 应用 MATLAB 求解过程如下。

\>> r=0.0107;

\>> n=2025-2000;

\>> p0=12.9533E8;

\>> p1=p0 * (1.0+r)^n

p1=

　　1.6902e+09

例 1-5　求解 $ax^2+bx+c=0$ 方程的根。其中:$a=1,b=2,c=3$。

分析: 一元二次方程的求根公式为

$$x_{1,2}=\frac{-b\pm\sqrt{b^2-4ac}}{2a}$$

解: 应用 MATLAB 求解过程如下。

\>> a=1;b=2;c=3;

\>> d=sqrt(b * b-4 * a * c);

\>> x1=(-b+d)/(2 * a)

x1=

　　-1.0000+1.4142i

\>> x2=(-b-d)/(2 * a)

x2=

　　-1.0000-1.4142i

上机练习题

1. 在自己的计算机上安装 MATLAB 系统,调试运算所有例题,熟悉 MATLAB 集成视窗环境的使用方法。

2. 设 $A=1.2,B=-4.6,C=8.0,D=3.5,E=-4.0$,计算

$$T = \arctan\left(\frac{2\pi A + \dfrac{E}{2\pi BC}}{D}\right)$$

3. 设 $x = 45°$，计算

$$\frac{\sin x + \sqrt{35}}{\sqrt[5]{72}}$$

4. 设 $a = 5.67, b = 7.811$，计算

$$\frac{e^{(a+b)}}{\lg(a+b)}$$

5. 计算 $y = \sqrt{x} - 6(x + \dfrac{1}{x}) + (x - 3.2)^2/(x + 7.7)^3$ 在 $x = 3$ 时的值。

6. 已知圆的半径为 15，求其直径、周长及面积。

7. 已知某三角形的三个边的边长分别为 8.5、14.6 和 18.4，求该三角形面积。

提示： 海伦公式

$$三角形面积 = \sqrt{s(s-a)(s-b)(s-c)}$$

其中：$s = (a+b+c)/2, a、b、c$ 分别为三角形三边边长。

第 2 章

MATLAB 的数值运算

教学目标

介绍 MATLAB 的两种基本的数值运算：矩阵和多项式。

学习要求

掌握矩阵和多项式的构造和运算方法，能够使用常见的几种函数进行简单的问题求解。

授课内容

2.1 矩阵

矩阵是线性代数的基本运算单元。通常矩阵是指含有 M 行 N 列数值的矩形结构。矩阵中的元素可以是实数或者复数，由此可将矩阵划分为实数矩阵和复数矩阵。在线性代数中我们已经学习了矩阵的基本性质，了解了矩阵基本运算，如加、减、内积、逆矩阵、转置、线性方程式、特征值、特征向量、矩阵分解等。读者可参考本书附录 C 来复习线性代数的基本知识。

MATLAB 支持线性代数所定义的全部矩阵运算。用户可通过 MATLAB 方便地处理线性代数问题，能够很容易完成原来复杂、费时的运算工作。

MATLAB 也是为了解决矩阵问题而开发的，以至于其英文名称都是 matrix（矩阵）和 laboratory（实验室）两个英文单词各自的前三个字母的组合。了解了这一点，对 MATLAB 将矩阵作为基本操作对象的做法就比较容易理解了。实际上，通过一定的转化方法，一般都可以将常用的数学运算转化成相应的矩阵运算来处理。例如，前面用到的一般数值（标量）就可以看作是只有一行一列的矩阵（数学上称之为标量），行向量是只有一行的矩阵，列向量则是只有一列的矩阵。

2.1.1 矩阵的构造

要用 MATLAB 做矩阵运算，首先要将矩阵输入到 MATLAB 中。最简单的输入矩阵方式是直接输入矩阵的元素，其方法为：

（1）用中括号[ ]把所有矩阵元素括起来；

（2）同一行的不同数据元素之间用空格或逗号间隔；

（3）用分号（;）指定一行结束；

（4）也可以分成几行进行输入，用回车符代替分号；

（5）数据元素可以是表达式，系统将自动计算结果。

例 2-1　对于矩阵 **A**、**B**：

$$A = \begin{pmatrix} 1 & 2 & 3 & 4 \\ 5 & 6 & 7 & 8 \\ 9 & 10 & 11 & 12 \\ 13 & 14 & 15 & 16 \end{pmatrix} \qquad B = \begin{pmatrix} 1 & 5 & 9 & 13 \\ 2 & 6 & 10 & 14 \\ 3 & 7 & 11 & 15 \\ 4 & 8 & 12 & 16 \end{pmatrix}$$

直接输入

```
>> A=[1 2 3 4;5 6 7 8;9 10 11 12;13 14 15 16]
```

运行结果为

```
A=
    1    2    3    4
    5    6    7    8
    9   10   11   12
   13   14   15   16
```

可以看到生成了一个四行四列的矩阵 **A**。或者输入

```
>> B=[1,sqrt(25),9,13
      2,6,10,7*2
      3+sin(pi),7,11,15
      4,abs(-8),12,16]
```

结果也生成了一个四行四列的矩阵 **B**：

```
B=
    1    5    9   13
    2    6   10   14
    3    7   11   15
    4    8   12   16
```

2.1.2　矩阵元素

和线性代数里使用的方法一样，可以采用下标来表示矩阵元素，同时也可以利用下标对矩阵元素进行修改。

例 2-2　修改例 2-1 矩阵 **A** 中元素的数值。

解：如果输入

```
>> A(1,1)
```

运行结果为

```
ans=
    1
```

如果输入

```
>> A(2,3)
```

运行结果为

    ans＝

        7

如果输入

    >> A(1,1)＝0;A(2,2)＝A(1,2)＋A(2,1);A(4,4)＝cos(0);

则矩阵变为

    A＝

        0   2   3   4

        5   7   7   8

        9   10   11   12

       13   14   15   16

2.1.3　矩阵运算

MATLAB 对于矩阵与矩阵之间的运算的处理方法与线性代数中所讲的完全相同。

1. 矩阵的加减运算

矩阵的加减使用的是"＋"和"－"运算符,所做的运算是对应元素的加减。能够进行该项运算的前提是两个矩阵具有相同的阶数或者其中一个是标量。

例 2 - 3　计算 $C＝A＋B, D＝A－B, E＝A＋3$。其中 A、B 为例 2 - 1 中的两个矩阵。

解：应用 MATLAB 求解过程如下。

    >> C＝A＋B   ％ 对应元素的加法运算

    C＝

        2   7   12   17

        7   12   17   22

       12   17   22   27

       17   22   27   32

    >> D＝A－B   ％ 对应元素的减法运算

    D＝

        0   －3   －6   －9

        3   0   －3   －6

        6   3   0   －3

        9   6   3   0

    >> E＝A＋3   ％ 结果是与整个矩阵中的每一个元素进行运算

    E＝

        4   5   6   7

        8   9   10   11

       12   13   14   15

       16   17   18   19

2. 矩阵乘法

矩阵的乘法使用的是"＊"运算符。两个矩阵要相乘,只有当前一矩阵的列数和后一矩阵的行数相同或者其中一个为标量时才能进行。

例 2 - 4　计算 $C＝A*B,D＝A*3$。其中 A、B 为例 2 - 1 中的两个矩阵。

解:应用 MATLAB 求解过程如下。

```
>> C＝A * B
C＝
      30    70   110   150
      70   174   278   382
     110   278   446   614
     150   382   614   846
>> D＝A * 3
D＝
       3     6     9    12
      15    18    21    24
      27    30    33    36
      39    42    45    48
```

3. 矩阵除法

在 MATLAB 中,为矩阵除法提供了两种运算符:"\"和"/",分别表示左除和右除,它们的运算方法不同。如果 A、B 矩阵是非奇异阵,则 $A\backslash B$ 和 A/B 运算都可以实现,但一般 $A\backslash B \ne A/B$,这是因为"\"和"/"的定义分别为

$$A\backslash B＝\text{inv}(A)*B$$
$$A/B＝A*\text{inv}(B)$$

其中 inv 函数用来求某一个矩阵的逆阵。

例 2 - 5　计算 $A\backslash B$ 和 A/B。

解:应用 MATLAB 求解过程如下。

```
>> A\B
ans＝
        0      -1.1250    -6.7500    -3.5000
        0      -0.5000     4.2500    -1.2500
        0       0.3750     3.7500     1.0000
   0.2500       1.5000    -1.0000     4.0000
>> A/B
ans＝
        0       0          0        0.2500
  -1.1250    -0.5000    0.3750     1.5000
  -6.7500     4.2500    3.7500    -1.0000
  -3.5000    -1.2500    1.0000     4.0000
```

通常 $X＝A\backslash B$ 是方程 $A*X＝B$ 的解,$X＝A/B$ 是方程 $X*B＝A$ 的解。

4. 矩阵的乘方

矩阵的乘方使用的运算符为"^",如果 A 是一个方阵,P 是一个正整数,则 A^P 表示 A 自乘

P 次。

例 2 - 6　计算矩阵的乘方。

解：应用 MATLAB 求解过程如下。

```
>> A=[1 2 3 4;5 6 7 8;9 10 11 12;13 14 15 16];
>> A^1
ans=
```

1	2	3	4
5	6	7	8
9	10	11	12
13	14	15	16

```
>> A^2
ans=
```

90	100	110	120
202	228	254	280
314	356	398	440
426	484	542	600

```
>> A^3
ans=
```

3140	3560	3980	4400
7268	8232	9196	10160
11396	12904	14412	15920
15524	17576	19628	21680

5. 矩阵转置

矩阵转置使用的是"′"运算符，矩阵的转置是将第 i 行第 j 列的元素与第 j 行 i 列的元素进行互换。

例 2 - 7　计算例 2 - 6 中 A 的转置矩阵。

解：应用 MATLAB 求解过程如下。

```
>> A′
ans=
```

1	5	9	13
2	6	10	14
3	7	11	15
4	8	12	16

如果矩阵中存在复数元素，则转置后得到的是它的复共轭矩阵。

例 2 - 8　验证复数矩阵转置后为它的复共轭矩阵。

解：应用 MATLAB 求解过程如下。

```
>> D=i * A′
D=
```

```
      0+1.0000i   0+5.0000i   0+ 9.0000i   0+13.0000i
      0+2.0000i   0+6.0000i   0+10.0000i   0+14.000i
      0+3.0000i   0+7.0000i   0+11.0000i   0+15.0000i
      0+4.0000i   0+8.0000i   0+12.0000i   0+16.0000i
>> D′
ans=
      0−1.0000i    0−2.0000i    0−3.0000i     0−4.0000i
      0−5.0000i    0−6.0000i    0−7.0000i     0−8.0000i
      0−9.0000i    0−10.0000i   0−11.0000i    0−12.0000i
      0−13.0000i   0−14.0000i   0−15.0000i    0−16.0000i
```

6. 求逆矩阵

方阵 A 的逆矩阵的定义是:对于 n 阶矩阵 A,如果存在 n 阶矩阵 B,使得 $AB=BA=I$(I 为单位矩阵),那么矩阵 A 称为可逆矩阵,而 B 称为 A 的逆矩阵。 如果 A 可逆,则 A 的逆矩阵是唯一的。因此,矩阵和它的逆矩阵相乘不论是 AA^{-1} 或 $A^{-1}A$,结果皆为单位矩阵。

例 2-9 求矩阵的逆矩阵,并验证所得结果。

解:应用 MATLAB 求解过程如下。

```
>> G=[1 2 0;2 5 −1;4 10 −1];
>> X=inv(G)
X=
      5    2   −2
     −2   −1    1
      0   −2    1
>> I=inv(G) * G
I=
      1   0   0
      0   1   0
      0   0   1
```

可见矩阵与其逆阵相乘结果是单位矩阵。

需要注意的是,如果矩阵是奇异矩阵,也就是说 n 阶矩阵 A 的行列式 $|A|=0$,或是条件不足,其逆矩阵不存在。条件不足的矩阵与一组联立方程组其中的方程式并不独立有关,而矩阵的秩即代表矩阵中独立方程式个数。如果某一矩阵的秩数和其矩阵的列数相等,则此矩阵为非奇异阵且其逆矩阵存在。

7. 求特征值

设 A 为 n 阶矩阵,λ 是一个数,如果方程 $Ax=\lambda x$ 存在非零解向量,则称 λ 为 A 的一个特征值,相应的非零解向量 x 称为与特征值 λ 对应的特征向量。

特征向量代表一个正规正交的向量组。所谓的正规正交向量,是指这向量与自身做内积的值为一单位向量。

例 2-10 求矩阵的特征值。

解：应用 MATLAB 求解过程如下。

>> eig(G)

ans=

　　　3.7321

　　　0.2679

　　　1.0000

其中函数 eig 可以计算矩阵的特征值，并以向量形式存放。

8. 求特征多项式

在 MATLAB 中，求特征多项式所用到的函数是 poly。

例 2 - 11　根据向量的值，构造一多项式。

解：应用 MATLAB 求解过程如下。

>> poly(G)

ans=

　　　1.0000　　−5.0000　　5.0000　　−1.0000

>> round(poly(G))

ans=

　　　1　　−5　　5　　−1

round 用来对数值取整，类似的函数还有 floor、ceil、fix，其详细使用方法可在 MATLAB 帮助文件中找到。

9. 求方阵的行列式

如果将方阵看作是行列式，它可以有对应的行列式值，其求解函数是 det。

例 2 - 12　计算例 2 - 9 矩阵 **G** 所对应的行列式的值。

解：应用 MATLAB 求解过程如下。

>> det(G)

ans=

　　　1

10. 求解线性方程组

线性方程组的一般矩阵形式可以表示如下：

　　　$AX=B$

其中 **A** 为等式左边各方程式的系数项，$A=(a_{ij})_{m \times n}$，**X** 为欲求解的未知项，**B** 代表等式右边之已知项，$\boldsymbol{\beta}=(\beta_1, \beta_2, \cdots, \beta_n)^T$

线性方程组有解的充分必要条件是：$r(A \mid b) = r(A)$，且当 $r(A \mid b) = n$ 时有唯一解；当 $r(A \mid b) < n$ 时有无穷多解。

例 2 - 13　求下列线性方程式的根。

$$\begin{cases} 2x_1 + x_2 - 3x_3 = 5 \\ 3x_1 - 2x_2 + 2x_3 = 5 \\ 5x_1 - 3x_2 - x_3 = 16 \end{cases}$$

解法一

分析:要解上述的联立方程式,可以使用"\\"运算,即 $X=A \backslash B$。

解:应用 MATLAB 求解过程如下。

```
>> A=[2 1−3;3−2 2;5−3−1];
>> B=[5;5;16];
>> X=A\B
X=
     1
    −3
    −2
```

解法二

分析:如果将原方程式改写成 $XA=B$,且令 X、A 和 B 分别为

X=(x1,x2,x3)

```
A=
     2     3     5
     1    −2    −3
    −3     2    −1
B=
     5
     5
    16
```

注意上式中的 X 变成行向量,A 是前一个方程式中 A 的转置。上式的 X 可用"/"运算求解,即 $X=B/A$。求解过程如下。

```
>> A=[2 1−3;3−2 2;5−3−1]´;
>> B=[5;5;16]´;
>> X=B/A
X=
     1    −3    −2
```

同样地,也可以用逆矩阵求解 $AX=B$,$X=A^{-1}B$,即 $X=\text{inv}(A)*B$,或是改写成 $XA=B$,$X=BA^{-1}$,即 $X=B*\text{inv}(A)$。

2.1.4 向量

从另一个角度看矩阵,可以认为矩阵是由一组向量构成,也就是可以将向量看作是矩阵的组成元素。这样就能将所有的矩阵运算分解成一系列的向量运算。

向量的构造和矩阵的构造类似,同时还可以利用字符":"来生成行向量,如

```
>> x=1:5          % 初值=1,终值=5,默认步长=1
x=
```

```
        1   2   3   4   5
>> y=1:2:9        % 初值＝1,终值＝9,步长＝2
y=
        1   3   5   7   9
>> z=9:-2:1       % 初值＝9,终值＝1,步长＝-2
z=
        9   7   5   3   1
```

对行向量做转置运算可以得到列向量,对列向量做转置运算可以得到行向量。即

```
>> x´
ans=
        1
        2
        3
        4
        5
```

2.2　多项式

多项式是形如 $P(x)=a_0x^n+a_1x^{n-1}+\cdots+a_{n-1}x+a_n$ 的式子。

在 MATLAB 中,多项式用行向量表示:$\boldsymbol{P}=\begin{bmatrix} a_0 & a_1 & \cdots & a_{n-1} & a_n \end{bmatrix}$

2.2.1　多项式行向量的构造

除了上面所采用的直接输入法以外,还可利用命令 poly(A) 构造多项式行向量。在这里,如果 $\boldsymbol{A}$ 是形如 $[a_0\,a_1\cdots\,a_{n-1}\,a_n]$ 的向量,则命令 poly(A) 会生成 $(x-a_0)(x-a_1)\cdots(x-a_{n-1})$ $(x-a_n)$ 所对应的多项式的系数向量;而当 $\boldsymbol{A}$ 为方阵时,命令 poly(A) 生成的式子实际上是矩阵 $\boldsymbol{A}$ 的特征多项式。

例 2-14　已知向量 $\boldsymbol{A}=[1\ -34\ -80\ 0\ 0]$,用此向量构造一多项式并显示结果。

解:应用 MATLAB 求解过程如下。

```
>> A=[1 -34 -80 0 0];
>> PA=poly(A)            % 多项式的向量表示形式
PA=
        1   113   2606   -2720   0   0
>> PAX=poly2str(PA,´X´)  % 函数 poly2str 将向量显示为多项式形式
PAX=
        ´X^5+113 X^4+2606 X^3-2720 X^2´
```

即向量 $\boldsymbol{A}$ 对应的多项式是 $x^5+113x^4+2606x^3-2720x^2$。

2.2.2 多项式的运算

1. 多项式的加减运算

进行加减运算的多项式应该具有相同的阶次,如果阶次不同,低阶的多项式必须用零填补至高阶多项式的阶次。

例 2 - 15 求两个多项式 $a(x)=5x^4+4x^3+3x^2+2x+1$ 和 $b(x)=3x^2+1$ 的和。

解:应用 MATLAB 求解过程如下。

```
>> a=[5 4 3 2 1];b=[3 0 1];
>> c=a+[0 0 b]          % 求和
c=
    5   4   6   2   2
```

即 $a(x)$ 与 $b(x)$ 的和是 $c(x)=5x^4+4x^3+6x^2+2x+2$。

2. 多项式的乘法

多项式乘法采用 conv 函数。

例 2 - 16 求例 2 - 15 中两个多项式 $a(x)$ 和 $b(x)$ 的积。

解:应用 MATLAB 求解过程如下。

```
>> d=conv(a,b)          % 求积
d=
    15   12   14   10   6   2   1
```

即 $a(x)$ 与 $b(x)$ 的积是 $d(x)=15x^6+12x^5+14x^4+10x^3+6x^2+2x+1$。

3. 多项式的除法

由 deconv 函数完成多项式的除法运算,其结果包括商多项式和余数多项式两部分。

例 2 - 17 求例 2 - 16 中多项式 $d(x)$ 除以例 2 - 15 中多项式 $a(x)$ 的商。

解:应用 MATLAB 求解过程如下。

```
>> [div,rest]=deconv(d,a)     % 求商
div=
    3   0   1
rest=
    0   0   0   0   0   0   0
```

即 $d(x)$ 除以 $a(x)$ 的商多项式是 $3x^2+1$,余数多项式是 0。

4. 微分

使用 polyder 函数来求解多项式的微分。

例 2 - 18 求多项式 $p(x)=2x^4-6x^3+3x^2+7$ 的微分。

解:应用 MATLAB 求解过程如下。

```
>> p=[2 -6 3 0 7];
>> q=polyder(p)
q=
    8   -18   6   0
```

即 $\dfrac{\mathrm{d}p(x)}{\mathrm{d}x}=8x^3-18x^2+6x$。

5. 求根

要对方程求根,可以采用 roots 函数。通常,多项式的根的数目不定,要视其阶数而定,可以有一个到多个,其类型也有实数和复数两种可能。

例 2-19　令例 2-18 中的 $p(x)=0$,求其根。

解:应用 MATLAB 求解过程如下。

```
>> x=roots(p)
x=
      1.9322+0.4714i
      1.9322-0.4714i
     -0.4322+0.8355i
     -0.4322-0.8355i
```

即 $p(x)=0$ 的 4 个根分别是 1.9322+0.4714i,1.9322-0.4714i,-0.4322+0.8355i,-0.4322-0.8355i。

6. 求值

采用 polyval 函数可以求出当多项式中的未知数为某个特定值时该多项式对应的数值。例如,求例 2-18 中多项式 $p(x)$ 在 $x=1$ 时的值,其程序及运行结果如下:

```
>> polyval(p,1)
ans=
      6
```

采用 polyvalm 函数可以求出当多项式中的未知数为某个方阵时该多项式的值。例如:

```
>> polyvalm(p,G)              % G 为例 2-9 中的矩阵
ans=
     58   120   -26
     68   168   -34
    188   444   -88
```

常用的多项式函数如表 2-1 所列。

表 2-1　常用的多项式函数

函数	功能
roots	求多项式的根
poly	用根构造多项式
polyval	计算多项式的值
polyvalm	计算参数为矩阵的多项式的值
residue	部分分式展开
polyfit	多项式数据拟合
polyder	微分
conv	乘法
deconv	除法

自学内容

2.3　其他构造矩阵的方法

常用的构造矩阵方法有以下 4 种：

（1）直接输入数据元素；

（2）利用内部函数产生矩阵；

（3）利用 M 文件产生矩阵；

（4）利用外部数据文件（如 CSV 文本文件、Excel 表格文件等）读入到指定矩阵（这是科研和工程实践中的一种常用方法，可以实现多种软件的集成处理，有很大的灵活性，因此属于较高级的学习内容。此处省略，详见第 6 章）

1. 直接输入数据元素

前面所介绍的矩阵构造方式基本都属于这种方式。这种方法要逐次输入数据元素，在矩阵元素比较少时可以很容易实现。如果元素数目很多，而且元素间符合一定的规律，也可以采用以下的几种办法：

```
>> x=0:0.5:2       % 初值＝0,终值＝2,步长＝0.5
x=
    0   0.5000   1.0000   1.5000   2.0000
>> y=linspace(0,2,7)
                   % 线性等分函数 linspace,初值＝0 终值＝2 的区隔,元素数目＝7
y=
    0   0.3333   0.6667   1.0000   1.3333   1.6667   2.0000
>> z=[0 x 1]       % 由矩阵 x 的数据元素再加上两个元素组成
z=
    0   0   0.5000   1.0000   1.5000   2.0000   1.0000
>> u=[y;z]         % 可利用原来存在的矩阵 x 及 y 来构成新矩阵
u=
    0   0.3333   0.6667   1.0000   1.3333   1.6667   2.0000
    0   0        0.5000   1.0000   1.5000   2.0000   1.0000
```

2. 利用内部函数产生矩阵

利用内部函数可以很容易地产生一些常用的特殊矩阵，主要的函数见表2－2。

表 2 - 2　能生成矩阵的函数

函　数	功　能
eye	产生单位矩阵
zeros	产生全部元素为 0 的矩阵
ones	产生全部元素为 1 的矩阵
[]	产生空矩阵
rand	产生随机元素的矩阵
linspace	产生线性等分的矩阵
compan	产生伴随矩阵
hadamarb	产生 Hadamarb 矩阵

例如：

```
>> x=linspace(2,12,6)        % 等差数列:首项为2,末项为12,项数为6
x=
    2   4   6   8   10   12
>> ones(3)                   % ones(m),可以生成 m×m 矩阵
ans=
    1   1   1
    1   1   1
    1   1   1
>> ones(3,4)                 % ones(m,n),可以生成 m×n 矩阵
ans=
    1   1   1   1
    1   1   1   1
    1   1   1   1
>> F=5 * ones(3,3)
F=
    5   5   5
    5   5   5
    5   5   5
>> Z=zeros(2,4)
Z=
    0   0   0   0
    0   0   0   0
>> R=rand(4,4)
R=
```

```
0.8147    0.6324    0.9575    0.9572
0.9058    0.0975    0.9649    0.4854
0.1270    0.2785    0.1576    0.8003
0.9134    0.5469    0.9706    0.1419
```

3. 利用 M 文件产生矩阵

M 文件是包含 MATLAB 编码的文本文件,可以使用这种文件来保存矩阵。其方法是在 MATLAB 系统主菜单中 HOME 标签上用鼠标单击"New Script"图标打开文本编辑器,然后在文本编辑器的空白窗口中输入数据,最后选择文本编辑器窗口的"File"菜单中的"save as"功能,以后缀名.m 保存此文件即可。

例如,使用以上方法创建一个包含下面 4 行的文件:

```
A=  [16.0   3.0    2.0    13.0
      5.0   10.0   11.0    8.0
      9.0    6.0    7.0   12.0
      4.0   15.0   14.0    1.0];
```

并保存为文件 test.m,在一般情况下,该文件被保存在当前默认目录,可以进行复制、转移等文件操作。如果在 MATLAB 中使用命令

```
test
```

系统就能自动读取该文件,将包含上述矩阵的变量 A 读入 MATLAB 的工作空间。

2.4　矩阵函数

MATLAB 提供了许多矩阵函数,正是因为拥有了如此众多和完善的函数,MATLAB 才具有了功能强大的数学处理能力。表 2-3 列举了一些常用的矩阵函数并对其功能进行了简要介绍。其详细使用方法可查找 MATLAB 帮助文件。

表 2-3　常用的矩阵函数及其功能

函　　数	功　　能
Det	计算矩阵所对应的行列式的值
Inv	求矩阵的逆矩阵
Rank	求矩阵的秩
Eig	求矩阵的特征值和特征向量
Orth	使矩阵正交化
Poly	求矩阵的特征多项式
Lu	由高斯消元法所得的系数矩阵
Qr	正交三角矩阵分解

2.5　稀疏矩阵

在许多工程实际中,经常会出现一些只有几个非零元素,而其他大量的元素都为零值的矩

阵,这种矩阵被称为稀疏矩阵。如果按普通的矩阵处理方法来处理这些矩阵,不但会占用许多存储空间,也会严重地影响运行速度。为了避免这些问题,对于那些具有大量零元素的矩阵,可以采取简化存储策略,即只存储非零元素值及这些元素所对应的下标。在运算时,再根据其存储特点,使用专门的函数来处理这种矩阵,这样能使针对零的运算最少,提高了程序的执行效率。

采用 sparse 函数可以将一般的(完全)矩阵转化成稀疏矩阵方式,而 full 函数可以变稀疏矩阵为一般的(完全)矩阵。例如对于完全矩阵 X=[0　0　3;1　0　0;0　5　0]

```
>> S=sparse(X)
S=
    (2,1)   1
    (3,3)   5
    (1,4)   3
>> X=full(S)
X=
    0   0   0   3
    1   0   0   0
    0   0   5   0
    0   0   0   0
```

2.6　数组

对于某些工程应用而言,可能希望无论进行哪一种运算,都是针对数据阵列中对应元素进行,也就是像矩阵加减运算中所做的对应元素加减那样,而不是像矩阵乘除那样涉及多个元素的复杂运算形式。在 MATLAB 中,提供了满足这一需求的数据类型:数组(array)。

数组的一般形式和矩阵类似,也是由一组实数或复数排成的长方阵列。但数组运算规则和矩阵完全不同,它是元素对元素的运算,也就是说无论什么运算,对数组中的元素都是一对一平等进行的,而不是像矩阵运算那样采用线性代数的运算方式。

数组可以具有不同的维数:一维、二维乃至多维,这也直接扩展了一般矩阵的功能。因此,数组在图像处理、多变量系统控制等问题上多有应用。

2.6.1　一维数组

一维数组的形式和向量没有区别,其构造方法也和向量的构造方法类似。例如,可以采用直接输入法。

```
>> x=[3 sqrt(2) pi/2 6]
x=
    3.0000    1.4142    1.5708    6.0000
```

也可以通过设定步长,生成一维数组。

```
>> x=0:0.2:1              % 起始值=0,步长=0.2,终止值=1
x=
```

　　　0　　　0.2000　　　0.4000　　　0.6000　　　0.8000　　　1.0000

步长值可以省略,当前默认步长值为 1,如:

>> x=0:3

x=

　　　0　　1　　2　　3

利用 linspace(a,b,n)能均匀生成第一个元素为 a,最后一个元素为 b,总元素数目为 n 的一维数组,如:

>> x=linspace(0,1,11)　　　% 起始值=0,终止值=1,之间的元素数目=11

x=

　　　0　0.1000　0.2000　0.3000　0.4000　0.5000　0.6000　0.7000　0.8000

　　0.9000　1.0000

另外,如要得到数组阵列中的某个元素或数个元素,可参考以下例子中的方法:

>> a=4:8,b=6:2:14

a=

　　　4　5　6　7　8

b=

　　　6　8　10　12　14

>> a(2)　　% 取 a 的第 2 个元素

ans=

　　　5

>> a([4 2 5 1])　　　　　　% 列出 a 元素,排列依序为原数组 a 的第 4、2、5、1 个元素

ans=

　　　7　5　8　4

>> b(1:2:5)

% 起始元素为数组 b 的第 1 个元素,终止元素为 b 的第 5 个元素,2 为序号增量

ans=

　　　6　10　14

同样地,也可以在构建数组时引用已建立的阵列,建立新阵列。

>> c=[b a]　　　　　　　% 利用阵列 a 及阵列 b,组成新阵列

c=

　　　6　8　10　12　14　4　5　6　7　8

>> d=[b(1:2:5) 1 0 1]　% 由阵列 b 的 3 个元素再加上 3 个新元素组成

d=

　　　6　10　14　1　0　1

2.6.2　二维数组

　　从结构上看,二维数组和矩阵没有什么区别,当一个二维数组具有线性变换含义时,它就是矩阵。其创建方法也类似于矩阵。

2.6.3 多维数组

1. 多维数组的生成

和矩阵的构造方法类似,通常生成多维数组的方法包括直接用元素赋值方式生成、用同样大小的低维数组合成、由函数直接生成等方法。

2. 多维数组维间处理的函数

(1) reshape 函数

在两个数组空间元素数量相等的情况下,该函数可以将数组中的数据从一种空间形式转换为另外的一种,其调用格式为 reshape(X,M,N,P⋯),结果返回一个 $m \times n \times p \cdots$ 的数组,此数组是把 X 数组中的元素按列重新排列而成。

```
>> a=0:11;           % 生成起始元素＝0,终止元素＝11,步长＝1 的一维数组
>> A=reshape(a,3,4)   % 通过 reshape 把一维数组 a 重排成 3×4 的二维数组
A＝
    0    3    6    9
    1    4    7   10
    2    5    8   11
>> t=reshape(a,1,3,4) % 将 a 变为 1×3×4 的三维数组 t
t(:,:,1)＝
    0    1    2
t(:,:,2)＝
    3    4    5
t(:,:,3)＝
    6    7    8
t(:,:,4)＝
    9   10   11
```

(2) size 函数

使用这个函数可以得到输入的数组单元的维数和维的长度。

```
>> size(t)
ans＝
    1    3    4
```

(3) ndims 函数

这个函数用来求数组的维数,相当于 length(size(x)),如:

```
>> ndims(t)
ans＝
    3
>> length(size(t))
ans＝
    3
```

(4) cat 函数

该函数能将几个数组 A1、A2、A3、A4……按照指定的维数 dim 组合成一个新的数组,其调用格式为

cat(dim,A1,A2,A3,A4,...)

要注意 cat 只能在一个维上连接,要想连接多维数组,除了在连接的维上可以长度不同外,必须保证其他各维的尺寸相同。例如:

\>\> a=magic(3);b=pascal(3);

\>\> c=cat(4,a,b)　　　　　% 生成一个 3×3×1×2 的多维数组

这里有一个缺省规则是当由低维数组合成高维数组时,如高维数组维数比低维数组多 2 维以上时,空缺的维数默认为 1 维。

```
c(:,:,1,1)=
    8    1    6
    3    5    7
    4    9    2
c(:,:,1,2)=
    1    1    1
    1    2    3
    1    3    6
```

(5) permute 函数

该函数能进行多维数组的维数变换,其调用格式为 permute(A,order),其中数组 A 的每一维按照 order 指定的顺序进行排列。

要注意的是,这里 order 的元素必须为序号 1～n 的重新排列。

\>\> h=permute(c,[3,2,1,4])

　　　　　% 将原来的第三维变为第一维,而原来的第一维改成第三维

```
h(:,:,1,1)=
    8    1    6
h(:,:,2,1)=
    3    5    7
h(:,:,3,1)=
    4    9    2
h(:,:,1,2)=
    1    1    1
h(:,:,2,2)=
    1    2    3
h(:,:,3,2)=
    1    3    6
```

(6) ipermute 函数

该函数是 permute 函数的逆运算,其功能也可以通过修改 permute 函数中的 order 参数来实现。

（7）shiftdim 函数

该函数功能与和 permute 函数类似,但它能循环移动维数。同时它还有去奇异维(即该维的长度为1)的功能,这和 squeeze 函数一样。不同的是它只去开头的奇异维。

（8）squeeze 函数

该函数可以去掉多维数组中的奇异维,但要注意这样的操作不减少该数组空间上的单元的数目。该函数在求导、差分等运算之前需要做预处理。

```
>> squeeze(c)
ans(:,:,1)=
     8     1     6
     3     5     7
     4     9     2
ans(:,:,2)=
     1     1     1
     1     2     3
     1     3     6
```

2.6.4　数组的运算

数组的运算与矩阵不同,它是阵列中对应元素之间的运算,因此在 MATLAB 所提供的运算符列表中,数组和矩阵在各个运算符上也略有区别,例如数组的乘、除、幂运算都是通过在标准的运算符前面加一个圆点来特别指明该运算符是用于数组运算的,如 .*、./、.\、.^等。由于数组和矩阵的加法和减法运算规则相同,因此在加号和减号前面加圆点就没有必要了。

例 2-20　数组的运算。

解:应用 MATLAB 求解过程如下。

```
>> A=[1 2 3 4;5 6 7 8;9 10 11 12;13 14 15 16];
>> B=[1,5,9,13;2,6,10,14;3,7,11,15;4,8,12,16];
>> A+B                    % 数组和矩阵的加法规则相同
ans=
     2     7    12    17
     7    12    17    22
    12    17    22    27
    17    22    27    32
>> A.*B                   % 数组乘法:对应元素相乘
ans=
     1    10    27    52
    10    36    70   112
    27    70   121   180
    52   112   180   256
>> A./B                   % 数组除法:对应元素相除
ans=
```

```
1.0000    0.4000    0.3333    0.3077
2.5000    1.0000    0.7000    0.5714
3.0000    1.4286    1.0000    0.8000
3.2500    1.7500    1.2500    1.0000
```

调试技术

2.7　MATLAB 的工作空间

工作空间是由系统所提供的特殊变量和用户自己使用过程生成的所有变量所组成的一个概念上的空间。当 MATLAB 启动后,系统会自动建立一个工作空间,这时的工作空间内只包含系统所提供的一些特殊变量,如 pi、eps、nan、i 等,以后会逐渐增加一些用户自己定义的变量,如果不采用诸如 clear 之类的指令来删除变量,这些变量会一直存在下去,直到用户关闭 MATLAB 系统释放工作空间才会消失。

使用 who 和 whos 命令可以看到目前工作空间内的所有变量的情况,使用 clear 命令则可以删除工作空间中的部分或所有变量。除此以外,也可使用工作空间区(Workspace)直接对工作空间的内容进行显示和编辑操作,如图 2 - 1 所示。

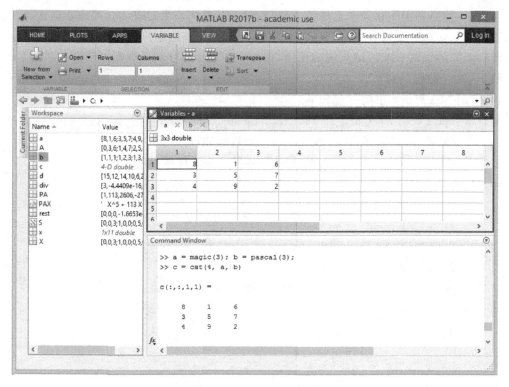

图 2 - 1　使用工作空间区(Workspace)直接对变量进行显示和编辑操作

2.8　MATLAB 数据文件的读写

在进行科研计算时,用户经常希望能够将没有处理完的数据保存起来,以便以后再用。特别是当有些计算十分复杂无法一次完成时,由于存在于系统工作空间中的变量会随着系统的关闭而被释放,导致下次使用时无法重新调用,所以要求能够采取一定方法将该变量保存在一个磁盘文件中。这样,即使关闭了 MATLAB 系统,这些变量依然存在于文件中,当下次需要重新使用时,只要在 MATLAB 中用相应的指令将这些变量从对应文件中读取出来即可。

2.8.1　保存

MATLAB 储存变量的基本命令是 save,它会将变量以二进制的方式储存至后缀名为 mat 的文档中。其基本格式为

　　　save filename

该命令会将工作空间的所有变量储存到名为 filename.mat 的二进制文档中。除此以外,它还有下述几种形式:

· save　在命令中缺省文件名,它会将工作空间的所有变量储存到名为 matlab.mat 的二进制 mat 文档中。

· save filename x y z　只将变量 x、y、z 储存到文件名为 filename.mat 的二进制 mat 文档中。

· save filename u w -append　将变量 u、w 添加到文件名为 filename.mat 的二进制 mat 文档中。注意这里的变量 u 和 w 之间要用空格隔开。

· save filename u w -ascii　将变量 u、w 保存在名为 filename.mat 的 8 位 ASCII 文档中。选项-ascii 表示数据将以 ASCII 文本格式进行处理,ASCII 文件可以在任何文字处理器中使用,如要用普通的编辑软件(如记事本等)查看文档内容,或者需要大量的数据要进行修改或与其他软件进行交换,则使用 ASCII 格式保存比较方便。

· save filename u w -ascii -double　将变量 u、w 保存在名为 filename.mat 的 16 位 ASCII 文档中。

在以上这些命令中,出现了二进制文件和 ASCII 文件两种文件形式。在默认方式下 save 命令是以二进制的方式储存变量的,它所保存的文档通常是比较小的,载入时速度较快,但这种文档的可读性和兼容性较差(一般只能用 MATLAB 软件打开)。如果想看到文档内容或与其他软件交流,就应选择保存为 ASCII 文档形式,这时要在后面加上-ascii 选项。

使用-ascii 选项后,会有下列现象:

(1) save 命令就不会在文档名称后加上 mat 的后缀名。因此用后缀名 mat 结尾的文档通常是 MATLAB 的二进位文档。

(2) 通常只储存一个变量。若在 save 命令行中加入多个变量,仍可执行,但所产生的文档则无法以简单的 load 命令载入。有关 load 命令的用法,详见下述。

(3) 原有的变量名称消失。因此在将文档以 load 载入时,会将文档名称作为变量名称。

(4) 对于复数,只能储存其实部,而虚部则会消失。

(5) 对于相同的变量,ASCII 文档通常比二进制文档大。

由此可见,若非特殊需要,应该尽量以二进制方式存储数据变量。

2.8.2　读取

用 load 命令可将保存在文件中的变量从文件中读取出来,与 save 命令类似,load 命令格式是

```
load filename
```

MATLAB 会在系统默认路径中自动寻找名称为 filename. mat 的文件,并以二进制格式载入,如果当前路径下没有名称为 filename. mat 的文件,系统就会另行寻找名称为 filename 的文件,并以 ASCII 格式载入。

如果使用 load filename -ascii 或 load filename -mat 命令,系统会强制将文件作为 ASCII 文件或 mat 文件处理。

以下就是一个使用 save 和 load 命令的实例:

```
>> clear all;          % 清除工作空间里存在的所有变量
>> a=1;b=2;c=3;
>> save mydata1        % 将工作空间中的所有变量存入 mydata1.mat 文件
>> save mydata2 a b    % 只将工作空间中的 a,b 二个变量存入 mydata2.mat 文件
>> clear all;          % 清除工作空间里存在的所有变量
>> who                 % 查看工作空间里存在的变量,结果显示已无变量存在
>> load mydata1        % 读取 mydata1.mat 文件中的所有变量到工作空间中
>> who                 % 查看工作空间里存在的变量,显示已经读入的变量名
Your variables are:
a  b  c
>> clear all;          % 清除工作空间里存在的所有变量
>> a                   % 变量 a 已经不存在了
??? Undefined function or variable 'a'.
>> load mydata1 a      % 读取 mydata1.mat 文件中的变量 a 到工作空间中
>> a
a=
    1
```

应用举例

例 2-21　矩阵相乘问题举例。已知

$$A = \begin{pmatrix} 1 & 2 & 3 \\ -2 & 0 & 0 \\ 1 & 0 & 1 \\ -1 & 2 & -3 \end{pmatrix} \quad B = \begin{pmatrix} -1 & 3 \\ -2 & 2 \\ 2 & 1 \end{pmatrix}$$

求 $C = A \times B$

解:应用 MATLAB 求解过程如下。

```
>> A=[1 2 3;−2 0 0;1 0 1;−1 2 −3]
A=
      1    2    3
     −2    0    0
      1    0    1
     −1    2   −3
>> B=[−1 3;−2 2;2 1]
B=
     −1   3
     −2   2
      2   1
>> C=A*B
C=
      1   10
      2   −6
      1    4
     −9   −2
```

例 2 - 22　设矩阵 A 和 B 满足关系式 $AB = A + 2B$, 已知

$$A = \begin{bmatrix} 4 & 2 & 3 \\ 1 & 1 & 0 \\ -1 & 2 & 3 \end{bmatrix}$$

求矩阵 B。

　　分析: 由 $AB = A + 2B$ 可得 $(A - 2E)B = A$

故　$B = (A - 2E)^{-1}A$

　　解: 应用 MATLAB 求解过程如下。

```
>> A=[4 2 3;1 1 0;−1 2 3];
>> B=inv(A−2*eye(3))*A
B=
      3.0000   −8.0000   −6.0000
      2.0000   −9.0000   −6.0000
     −2.0000   12.0000    9.0000
```

例 2 - 23　求解线性方程组

$$\begin{cases} 2x_1 - x_2 + 3x_3 = 5 \\ 3x_1 + x_2 - 5x_3 = 5 \\ 4x_1 - x_2 + x_3 = 9 \end{cases}$$

　　分析: 将该线性方程组变换为 $AX = B$ 形式, 其中

$$A = \begin{bmatrix} 2 & -1 & 3 \\ 3 & 1 & -5 \\ 4 & -1 & 1 \end{bmatrix} \qquad B = \begin{bmatrix} 5 \\ 5 \\ 9 \end{bmatrix}$$

即可求解。

解:应用 MATLAB 求解过程如下。

```
>> A=[2 -1 3;3 1 -5;4 -1 1];
>> B=[5;5;9];
>> X=A\B
X=
      2
     -1
      0
```

例 2-24　将表达式$(x-4)(x+5)(x^2-6x+9)$展开为多项式形式,并求其对应的一元 n 次方程的根。

解:应用 MATLAB 求解过程如下。

```
>> p=conv([1 -4],conv([1 5],[1 -6 9]))
p=
      1    -5    -17    129    -180
>> px=poly2str(p,'x')    % 函数 poly2str 可将向量显示为多项式形式
px=
      'x^4-5 x^3-17 x^2+129 x-180'
>> x=roots(p)
x=
     -5.0000
      4.0000
      3.0000
      3.0000
```

例 2-25　已知一元四次方程所对应的四个根为

```
     -5.0000
      4.0000
      3.0000
      3.0000
```

求这个方程所对应的表达式原型。

解:应用 MATLAB 求解过程如下。

```
>> x=[-5,4,3,3];
>> p=poly(x);
>> px=poly2str(p,'x')
px=
      'x^4-5 x^3-17 x^2+129 x-180'
```

上机练习题

1. 设矩阵

$$A = \begin{bmatrix} 3 & 1 & 1 \\ 2 & 1 & 2 \\ 1 & 2 & 3 \end{bmatrix} \qquad B = \begin{bmatrix} 1 & 1 & -1 \\ 2 & -1 & 0 \\ 1 & -1 & 1 \end{bmatrix}$$

求　(1) $2A + B$

(2) $4A^2 - 3B^2$

(3) AB

(4) BA

(5) $AB - BA$

2. 设三阶矩阵 A、B 满足 $A^{-1}BA = 6A + BA$,其中

$$A = \begin{bmatrix} \dfrac{1}{3} & 0 & 0 \\ 0 & \dfrac{1}{4} & 0 \\ 0 & 0 & \dfrac{1}{7} \end{bmatrix}$$

求矩阵 B。

3. 设 $(2E - C^{-1}B)A^{\mathrm{T}} = C^{-1}$,其中 E 是 4 阶单位矩阵,A^{T} 是 4 阶矩阵 A 的转置。其中

$$B = \begin{bmatrix} 1 & 2 & -3 & -2 \\ 0 & 1 & 2 & -3 \\ 0 & 0 & 1 & 2 \\ 0 & 0 & 0 & 1 \end{bmatrix} \qquad C = \begin{bmatrix} 1 & 2 & 0 & 1 \\ 0 & 1 & 2 & 0 \\ 0 & 0 & 1 & 2 \\ 0 & 0 & 0 & 1 \end{bmatrix}$$

求矩阵 A。

4. 设二阶矩阵 A、B、X,满足 $X - 2A = B - X$,其中

$$A = \begin{pmatrix} 2 & -1 \\ -1 & 2 \end{pmatrix} \qquad B = \begin{pmatrix} 0 & -2 \\ -2 & 0 \end{pmatrix}$$

求矩阵 X。

5. 求解线性方程组

$$\begin{cases} 2x_1 - 3x_2 + 2x_4 = 8 \\ x_1 + 5x_2 + 2x_3 + x_4 = 2 \\ 3x_1 - x_2 + x_3 - x_4 = 7 \\ 4x_1 + x_2 + 2x_3 + 2x_4 = 12 \end{cases}$$

6. 求解一元六次方程 $3x^6 + 12x^5 + 4x^4 + 7x^3 + 8x + 1 = 0$ 的根。

7. 求多项式 $3x^6 + 12x^5 + 4x^4 + 7x^3 + 8x + 1$ 被 $(x-3)(x^3 + 5x)$ 除后的结果。

第 3 章

MATLAB 的符号运算

介绍符号运算的有关概念及其使用方法。

通过本章的学习,应搞清符号变量和符号表达式的定义,并能够使用符号运算解决一般的微积分和方程求解问题。

3.1 概述

前面所做的运算都是针对数值进行的,数值运算具有简单方便、面向实用等优点,广泛应用于工程实践及科学研究等各个方面,但同时它也有一些缺点,如无法得到无误差的最终解,不适于非数值运算的场合等。引入符号运算就能解决这方面的问题,就像平时进行数学公式推导一样,符号运算允许在运算对象和运算过程中出现非数值的符号变量,这为用户进行数据分析提供了有力工具。

MATLAB 的符号运算是在符号数学工具箱(Symbolic Math Toolbox)支持下完成的。因此,在学习本章内容以前,首先要确保所使用的 MATLAB 系统已经安装了这个工具箱(在某些默认环境中,这个工具箱可能是属于可选安装的。如果遇到这种情况,就需要重新运行安装程序,安装相应的工具箱,以增添这部分功能)。否则,本章所讲述的函数和命令将无法执行。

另外需要注意的一点是,不同版本的 MATLAB 所包含的符号计算函数和命令在语法规定上略有不同。如果读者所安装的版本不同于本章所采用 MATLAB R2017,在执行下述某些函数和指令时,系统就有可能出现警告甚至出错说明。这时,读者可自行查找帮助文件,对这些函数和命令进行微调,一般便可顺利运行。

3.2　符号变量和符号表达式

使用 sym 函数可以创建符号变量和表达式,如:

$\gg$ x＝sym('x')

$\gg$ a＝sym('a')

$\gg$ b＝sym('b')

$\gg$ c＝sym('c')

运行后创建了 4 个符号变量 x、a、b、c,它们将分别表示字母 x、a、b、c。

或者也可以使用另外的命令:

$\gg$ syms a b c x

其中 syms 和 sym 有同样的功能,但输入更简单。

定义了符号变量以后,可以进一步定义符号表达式 $ax^2＋bx＋c$ 并将它赋值给变量 f:

$\gg$ f＝sym(a * x^2＋b * x＋c)

这个变量 f 会自动被赋予符号变量类型。有了这个存储符号表达式的符号变量 f,就可以很方便地对一元二次方程 $f＝ax^2＋bx＋c$ 进行分析。通过对 f 执行符号操作,可以进行诸如积分、微分、替换等符号运算工作。如:

$\gg$ df＝diff(f)

df＝

　　2 * a * x＋b

$\gg$ nf＝int(f)

nf＝

　　1/3 * a * x^3＋1/2 * b * x^2＋c * x

在上面的符号表示式中,系统会自动将 x 作为自变量来处理,而将 a、b、c 等作为常量参数。也就是说,若符号表达式中含有多于一个的符号变量时,如果没有事先指定哪一个为自变量,MATLAB 会按照数学常规自行决定。其原则是:自变量为除了 i 和 j 之外并且在字母位置上最接近 x 的小写字母;如果式子中不包含字母(i 和 j 除外),则 x 会被视为默认的自变量,见表 3-1 所示。

表 3-1　默认自变量

符号表达式	默认自变量
a * x^2＋b * x＋c	x
1/(4＋cos(t))	t
4 * x/y	x
2 * a＋b	b
2 * i＋4 * j	x

可以利用函数 findsym 来询问系统其所确定的自变量为符号表达式中的哪一个变量。

3.3　微积分

3.3.1　极限

求极限是微积分的基础,在 MATLAB 中,提供了求表达式极限的函数 limit,其基本用法如表 3－2 所示。

表 3－2　limit 函数的用法

表 达 式	函 数 格 式	备 注
$\lim\limits_{x \to a} f(x)$	limit(f,x,a)	若 $a=0$,且是对 x 求极限,可简写为 limit(f)
$\lim\limits_{x \to a^-} f(x)$	limit(f,x,a,'left')	左趋近于 a
$\lim\limits_{x \to a^+} f(x)$	limit(f,x,a,'right')	右趋近于 a

见下例:
```
>> limit(1/x,x,0)
ans＝
     NaN
>> limit(1/x,x,0,'left')
ans＝
     －inf
>> limit(1/x,x,0,'right')
ans＝
     inf
```
上面的程序求出了 $1/x$ 在 0 处的三个极限值,分别对应从两边趋近、从左边趋近和从右边趋近。

如果自变量不是 x,则需采用显式说明。例如若采用极限方法求函数的导数,由高等数学知识可知

$$f'(x) = \lim_{t \to 0} \frac{f(x+t) - f(x)}{t}$$

因此如果要求函数 $\cos x$ 的导数,就可以使用用如下语句:
```
>> syms t x
>> limit((cos(x+t)－cos(x))/t,t,0)
ans＝
     －sin(x)
```

3.3.2　微分

求微分的函数是 diff,相关的函数语法有下列 4 个:

- diff(f)　求 f 对默认独立变量的一次微分值;
- diff(f,t)　求 f 对独立变量 t 的一次微分值;
- diff(f,n)　求 f 对默认独立变量的 n 次微分值;
- diff(f,t,n)　求 f 对独立变量 t 的 n 次微分值。

例 3 - 1　已知 $f(x) = ax^2 + bx + c$,求 $f(x)$ 的微分。

解:应用 MATLAB 求解过程如下。

```
>> syms a b c x
>> f=a*x2+b*x+c;
>> diff(f)              % 对默认自变量 x 求微分
ans=
      2*a*x+b
>> diff(f,2)            % 对 x 求二次微分
ans=
      2*a
>> diff(f,a)            % 对 a 求微分
ans=
      x2
>> diff(f,a,2)          % 对 a 求二次微分
ans=
      0
>> diff(diff(f),a)      % 对 x 和 a 求偏导
ans=
      2*x
```

微分函数 diff 也可以作用于符号矩阵,其结果是对矩阵的每一个元素进行微分运算。如:

```
>> syms a b x
>> D=[a*x,cos(x);b*a,sin(b*x)]
D=
      [a*x,cos(x)]
      [b*a,sin(b*x)]
>> diff(D)
ans=
      [a,-sin(x)]
      [0,cos(b*x)*b]
```

3.3.3　积 分

运用函数 int 可以求得符号表达式的积分。int 用以演算某一函数的积分项,这个函数要

找出一个符号式 F 使得 diff(F)＝f。相关的函数语法如下：

- int(f)　返回 f 对默认独立变量的积分值；
- int(f,$'$t$'$)　返回 f 对独立变量 t 的积分值；
- int(f,a,b)　返回 f 对默认独立变量的积分值，积分区间为[a,b]，a 和 b 为数值式；
- int(f,$'$t$'$,a,b)　返回 f 对独立变量 t 的积分值，积分区间为[a,b]，a 和 b 为数值式；
- int(f,$'$m$'$,$'$n$'$)　返回 f 对默认变量的积分值，积分区间为[m,n]，m 和 n 为符号式。

例 3 - 2　对 $f(x)=ax^2+bx+c$ 求积分。

解：应用 MATLAB 求解过程如下。

```
>> int(f)          % 表达式 f 的不定积分，自变量是 x
ans＝
       1/3*a*x^3+1/2*b*x^2+c*x
>> int(f,x,0,2)    % 表达式 f 在[0,2]的定积分，自变量是 x
ans＝
       8/3*a+2*b+2*c
>> int(f,a)        % 表达式 f 的不定积分，自变量是 a
ans＝
       1/2*a^2*x^2+b*x*a+c*a
>> int(int(f,a),x)
ans＝
       1/6*a^2*x^3+1/2*b*a*x^2+c*a*x
```

与微分相比，积分复杂得多。这是因为函数的积分可能不存在，有时即使存在，也可能限于某些条件，使 MATLAB 系统无法顺利得出答案。当 MATLAB 不能找到积分时，它将返回该函数表达式本身。如：

```
>> int(x*sin(a*x^4)*exp(x^2/2))
ans＝
       int(x*sin(a*x^4)*exp(x^2/2),x)
```

和微分函数 diff 一样，积分函数 int 对符号矩阵的运算是针对矩阵中的每一个元素进行的。如：

```
>> syms a b x
>> D＝[a*x,cos(x);b*a,sin(b*x)]
D＝
       [a*x,    cos(x)  ]
       [b*a,  sin(b*x)]
>> int(D)
ans＝
       [1/2*a*x^2,    sin(x)    ]
       [  b*a*x,  -cos(b*x)/b]
```

3.3.4 级数

可用于级数的函数有：
- symsum(s,v,a,b)   自变量 v 在 $[a,b]$ 之间取值时，对通项 s 求和；
- toylor(F,v,n)   求 F 对自变量 v 的泰勒级数展开，至 n 阶小。

例 3 - 3   分别求级数 $1+\dfrac{1}{2}+\dfrac{1}{3}+\cdots+\dfrac{1}{k}+\cdots$ 及 $\dfrac{1}{2}+\dfrac{1}{2\times3}+\dfrac{1}{3\times4}+\cdots+\dfrac{1}{k\times(k+1)}+\cdots$

的和。

解： 应用 MATLAB 求解过程如下。

```
>> syms k
>> symsum(1/k,k,1,inf)                % 1+1/2+1/3+…+1/k+…
ans=
      inf
>> symsum(1/(k*(k+1)),k,1,inf)   % 1/2+1/(2*3)+1/(3*4)+…+1/(k*(k
                                      +1))+…
ans=
      1
```

例 3 - 4   求 $\sin x$ 的前十项展开式。

解： 应用 MATLAB 求解过程如下。

```
>> syms x
>> taylor(sin(x),′order′,10)         % 求 sin(x)的泰勒级数展开式
ans=
      x^9/362880−x^7/5040+x^5/120+x^3/6+x
```

3.4 方程求解

3.4.1 代数方程

利用符号表达式解代数方程的方法是

```
    solve(f)            % 解符号方程式 f
```

例 3 - 5   求一元二次方程 $f(x)=ax^2+bx+c$ 的根。

解： 应用 MATLAB 求解过程如下。

```
>> syms a b c x
>> f=a*x^2+b*x+c
>> solve(f)
ans=
      [1/2/a*(−b+(b^2−4*c*a)^(1/2))]
      [1/2/a*(−b−(b^2−4*c*a)^(1/2))]
>> solve(f,a)                        % 指定要求解的变量是 a
```

ans＝

$$-(b*x+c)/x\char`^2$$

由这个例子可见,solve 函数在解方程时,如果没有显式说明,当前默认求解表达式为 0 的方程,即 $ax^2+bx+c=0$。

如果用户想要求解其他形式的方程,如 $1+x=\sin x$,在输入到 MATLAB 系统时,需要将原方程的等号用双等号替代。如:

```
>> solve(1+x==sin(x))          % 对有等号的符号方程求解
```

ans＝

$$-1.9345632107520242675632614537689$$

对于含有周期函数方程求解时,虽然它本身可能有无穷多个的解。但 MATLAB 只求出零附近的有限几个解。如:

```
>> solve(sin(x)==1/2)
```

ans＝

pi/6

5*(pi)/6

求解代数方程组的命令为

solve(f1,…,fn)   解由 f1,…,fn 组成的代数方程组。

例 3-6   求方程 $\begin{cases} x+y+z=10 \\ x-y+z=0 \\ 2x-y-z=-4 \end{cases}$ 的解。

解:应用 MATLAB 求解过程如下。

```
>> syms x y z
>> eq1=x+y+z==10;
>> eq2=x-y+z==0;
>> eq3=2×x-y-z==-4;
>> [x,y,z]=solve(eq1,eq2,eq3)     % 解三个联立方程式
```

x＝

2

y＝

5

z＝

3

3.4.2 常微分方程

MATLAB 解常微分方程的函数为

dsolve('equation','condition')

其中 equation 代表常微分方程式,condition 为初始条件,如果用户没有给出初始条件,则会求解出通解形式。

在函数 dsolve 所包含的 equation 中,用字母 D 来表示求微分,其后的数字表示几重微分,

后面的变量为因变量。如 Dy 代表一阶微分项 y'，D2y 代表二阶微分项 y''，等等，并默认所有这些变量都是对自变量 t 求导。

例 3 - 7　求微分方程 $y'=5$ 的通解。

解: 应用 MATLAB 求解过程如下。

```
>> dsolve('Dy=5')
ans=
    5 * t+C1
>> dsolve('Dy=x','x')        % 求微分方程 y'=x 的通解,指定 x 为自变量
ans=
    1/2 * x^2+C1
>> dsolve('D2y=1+Dy')        % 求微分方程 y″=1+y′的通解
ans=
    -t+C1+C2 * exp(t)
>> dsolve('D2y=1+Dy','y(0)=1','Dy(0)=0')        % 求微分方程的解,加初始条件
ans=
    exp(t)-t
```

dsolve 函数还可以用于微分方程组的求解,采用如下形式:

```
>> [x,y]=dsolve('Dx=y+x,Dy=2 * x')        % 微分方程组的通解
x=
    -1/2 * C1 * exp(-t)+C2 * exp(2 * t)
y=
    C1 * exp(-t)+C2 * exp(2 * t)
>> [x,y]=dsolve('Dx=y+x,Dy=2 * x','x(0)=0,y(0)=1')        % 加初始条件
x=
    1/3 * exp(2 * t)-1/3 * exp(-t)
y=
    2/3 * exp(-t)+1/3 * exp(2 * t)
```

自学内容

3.5　符号表示式的运算

在 MATLAB 6.0 版本或更早版本中,要想完成符号运算,需要借助专门的符号运算函数,如使用 symadd、symsub、symmul、symdiv、sympow 等来完成加、减、乘、除、乘方等算术运算功能。从 MATLAB 7.0 开始,由于采用了面向对象的重载技术,使得用来构成符号计算表达式的运算大为简化,其运算符无论在名称还是在用法上都与数值计算中的运算符几乎完全相同。

例 3 - 8　符号算术运算应用示例。

解:应用 MATLAB 进行符号算术运算的示例如下。

```
>> syms a b
>> f1=1/(a-b);
>> f2=2*a/(a+b);
>> f3=(a+1)*(b-1)*(a-b);
>> f1+f2                    % 求 f1+f2
ans=
    (2*a)/(a+b)+1/(a-b)
>> f1*f3                    % 求 f1*f3
ans=
    (a+1)*(b-1)
>> f1^2                     % 求 f1 的平方
ans=
    1/(a-b)^2
```

除此以外,在符号计算中,一个常见的问题是有时符号结果比较复杂或不直观,不便于用户使用,需要进行诸如展开、化简、合并等变换工作。这就要借助专门的函数才能完成,表 3 - 3 列出了一些常用的符号运算函数其功能。

表 3 - 3　常用的符号运算函数及其功能

函　　数	功　　能
numden(F)	将 F 从有理数形式转变成分子与分母形式
compose(f(x),g(x))	将 f(x) 和 g(x) 复合成 f(g(x)) 形式
sym2poly(F)	提取 F 中的多项式系数并以向量形式显示
poly2sym(c)	转换多项式系数向量 c 为符号多项式
collect(F)	将表达式 F 中相同幂次的项合并
expand(F)	将表达式 F 展开
factor(F)	将表达式 F 因式分解
simplify(F)	利用代数上的函数规则对表达式 F 进行化简

例 3 - 9　符号运算函数应用示例。

解:MATLAB 中符号运算函数应用的示例如下。

```
>> syms a b
>> f0=1/a^4+2/a^3+3/a^2+4/a+5;
>> f1=(a-1)^2+(b+1)^2+a+b;
>> f2=a^3-1;
>> [n,d]=numden(f0)        % 将 f0 转变为分子与分母形式
n=
    5*a^4+4*a^3+3*a^2+2*a+1    % 分子表达式
d=
```

```
    a^4                                  % 分母表达式
>> collect(f1)                           % 将 f1 中相同幂次的项合并
ans=
    b^2+3*b+(a-1)^2+1+a
>> expand(f1)                            % 将 f1 展开
ans=
    a^2-a+2+b^2+3*b
>> factor(f2)                            % 对 f2 进行因式分解
ans=
    (a-1)*(a^2+a+1)
```

simplify 函数利用代数上的函数规则对表达式进行化简,其格式为 simplify(F),其中 F 可以是一般的符号表达式,也可以是符号矩阵,如果是符号矩阵,simplify 会对矩阵的每个元素逐个进行化简。

```
>> simplify(f0)
ans=
    (1+2*a+3*a^2+4*a^3+5*a^4)/a^4
```

3.6 sym 函数

3.6.1 符号与数值的格式转换

sym 函数可以将符号值转化为对应的数值表示方式,一般采用 4 个参数来控制,它们分别是'f'、'r'、'e'、'd',其作用见表 3-4。

表 3-4 sym 函数的参数控制

参　数	作　用
r	返回该符号值的有理数形式(为系统默认方式)
f	返回该符号值的浮点表示
e	返回带有机器浮点误差的有理值
d	返回十进制数值(默认数位长度的 32 位)

例 3-10 sym 函数应用示例。

解:MATLAB 中 sym 函数应用示例如下。

```
>> sym(1/3,'f')
ans=
    6004799503160661/18014398509481984
>> sym(1/3,'r')
ans=
    1/3
```

```
>> sym(1/3,′e′)
ans=
    1/3－eps/12
>> sym(1/3,′d′)
ans=
    0.33333333333333331482961625624739
```

在另一方面,sym 函数也可以将数值矩阵转换为符号值的矩阵,采用的指令形式为 sym(A),其中 A 为要转化的矩阵,不管原来的元素是何种形式,它都以最接近的有理数形式给出结果。例如：

```
>> A=[0.25,1/3;sqrt(2),sin(pi/3)]
A=
    0.2500    0.3333
    1.4142    0.8660
>> sym(A)
    ans=
    [   1/4,          1/3]
    [2^(1/2),   3^(1/2)/2]
```

3.6.2　设定变量类型

在声明符号变量的同时,sym 函数也可以设置该变量的数值属性。如使用′real′选项来将符号变量的数学属性设定为实数,使用′positive′选项来设置正数,′integer′为整数,′rational′为有理数等。例如：

```
>> x=sym(′x′,′real′);
>> y=sym(′y′,′positive′);
```

3.7　求反函数和复合函数

对于函数 $f(x)$,存在另一个函数 $g(.)$,使得 $g(f(x))=x$ 成立,则称函数 $g(.)$ 是函数 $f(x)$ 的反函数。

在 MATLAB 中,运用函数 finverse 可以求得符号函数的反函数。其语法形式为
- finverse(f)　是对默认自变量的函数求反函数。
- finverse(f,v)　表示对指定自变量为 v 的函数 $f(v)$ 求反函数,

例 3-11　finverse 函数应用示例。

解：MATLAB 中 finverse 函数应用示例如下。

```
>> syms x y
>> finverse(1/tan(x))      % 对自变量为 x 的函数 1/tan(x)求反函数
ans=
    atan(1/x)
>> f=x^2+y;
```

```
>> finverse(f,y)          % 对自变量为 y 的函数 x^2+y 求反函数
ans=
      -x^2+y
>> finverse(f)            % 对默认自变量的函数求反函数,此例所得结果不唯一
Warning:finverse(x^2+y) is not unique.
 • In sym.finverse at 48
ans=
      (-y+x)^(1/2)
```

运用函数 compose 可以求得符号函数的复合函数,相关的函数语法如下:

- compose(f,g)　　　　　　求 $f=f(x)$ 和 $g=g(y)$ 的复合函数 $f(g(y))$,
- compose(f,g,z)　　　　　求 $f=f(x)$ 和 $g=g(y)$ 的复合函数 $f(g(z))$。
- compose(f,g,x,z)　　　　求 $f=f(x)$ 和 $g=g(y)$ 的复合函数 $f(g(z))$,其中 x 是 f 的自变量。
- compose(f,g,x,y,z)　　　求 $f=f(x)$ 和 $g=g(y)$ 的复合函数 $f(g(z))$,其中 x 是 f 的自变量,y 是 g 的自变量。

例 3 - 12　compose 函数应用示例。

解:MATLAB 中 compose 函数应用示例如下。

```
>> syms x y z t u;
>> f=1/(1+x^2);g=sin(y);h=x^t;p=exp(-y/u);
>> compose(f,g)          % 求 f=f(x)和 g=g(y)的复合函数 f(g(y))
ans=
      1/(1+sin(y)^2)
>> compose(f,g,t)        % 求 f=f(x)和 g=g(y)的复合函数 f(g(t))
ans=
      1/(1+sin(t)^2)
>> compose(h,g,x,z)      % 求 h=h(x)和 g=g(y)的复合函数 f(g(z))
ans=
      sin(z)^t
>> compose(h,g,t,z)      % 求 h=h(t)和 g=g(y)的复合函数 f(g(z))
ans=
      x^sin(z)
>> compose(h,p,x,y,z)    % 求 h=h(x)和 p=p(y)的复合函数 f(g(z))
ans=
      exp(-z/u)^t
>> compose(h,p,t,u,z)    % 求 h=h(t)和 p=p(u)的复合函数 f(g(z))
      x^exp(-y/z)
```

3.8　表达式替换

subs 函数可用来进行表达式替换,相关的函数语法如下:
- subs(s)会用赋值函数中的给定值替换符号表达式 s 中的所有变量。
- subs(s,new)会用 new 替换 s 中的所有自由变量。
- subs(s,old,new)会用符号或数值变量 new 替换 s 中的符号变量 old。

例 3 - 13　subs 函数应用示例。

解:MATLAB 中 subs 函数应用示例如下。

```
>> a=5;
>> c=10;
>> y=dsolve('Dy=-a*y')
y=
      exp(-a*t)*C1
>> subs(y)
ans=
      exp(-5*t)*C1
>> syms a b
>> subs(a+b,a,4)                    % 用 4 替代 a+b 中的 a
ans=
      4+b
>> subs(cos(a)+sin(b),{a,b},{sym('alpha'),2})
                                    % 多重替换
ans=
      cos(alpha)+sin(2)
```

3.9　任意精度计算

在一般情况下,当每次对数值运算进行操作时,其精度都会受到所保留的有效位数的限制,所以每一次运算都会引入一定的舍入误差,一旦重复多次数值运算,就可能会造成很大的累积误差。例如:

```
>> format long
>> 1/3+1/3                    % 数值计算
ans=
      0.66666666666667
```

可见数值运算存在一定误差。

与此不同的是,符号运算的一大特点就是可以获得任意精度的数值解,因为它们不需要进行数值运算,所以每一步都不会出现舍入误差。最多会在对最终结果使用函数 numeric 进行符号变量向数值变量的转换时引入一次舍入误差。由此可见,符号运算可以求得非常准确的解。

>> sym(1/3＋1/3)　　　　　　　　　% 符号计算

ans＝

2/3

虽然从形式上看,上面所获得的结果是数值的,但从变量分类角度来看,它们还属于字符。因此,还存在对结果的数值化问题,具体是由下面的一组函数来实现的:

- digits(n)　设定缺省的精度,其中 n 为所期望的有效位数
- vpa(s,n)　将 s 表示为 n 位有效位数的形式,n 缺省时,以默认方式显示
- numeric(s)将符号变量 s 转换为数值变量

例如:

>> s＝sym(1/3＋1/3)

s＝

2/3

>> digits(20)

>> vpa(s)

ans＝

0.66666666666666666667

>> numeric(s)

ans＝

0.66666666666667

>> digits(40)

>> vpa(s)

ans＝

0.6666666666666666666666666666666666666667

>> numeric(s)

ans＝

0.66666666666667

3.10　符号积分变换

3.10.1　傅里叶(Fourier)变换

傅里叶变换函数 fourier 的调用格式有以下几种:

- 通过 F＝fourier(f)求时域函数 f 的傅里叶变换,默认自变量为 x。返回结果默认为 w 的函数。如采用 f＝f(w)格式,fourier 函数返回 t 的函数 F(t)
- 采用 F＝fourier(f,v)格式,系统会认为 F 是符号变量 v 的函数,而不是默认值 w 的函数。

fourier(f,v)＜＝＞F(v)＝int(f(x) * exp(－i * v * x),x,－inf,inf)

- 采用 fourier(f,u,v)格式,系统会将 f 看作是 u 而不是默认值 x 的函数,因此积分是对 u 做积分。

fourier(f,u,v)＜＝＞F(v)＝int(f(u) * exp(－i * v * u),u,－inf,inf)

函数 ifourier 是用来求傅里叶变换的反变换的,其调用格式类似于 fourier 函数。

例 3 - 14　傅里叶变换应用示例。

解:应用 MATLAB 实现傅里叶变换的示例如下。

```
>> syms t v w x;
>> fourier(1/t)
ans=
     -pi * sign(w) * 1i
>> fourier(exp(-x^2),x,t)
ans=
     pi^(1/2) * exp(-t^2/4)
>> syms F(x)
>> fourier(diff(F(x)),x,w)
ans=
     w * fourier(F(x),x,w) * 1i
>> ifourier(sym('fourier(f(x),x,w)'),w,x)
ans=
     f(x)
>> syms u
>> ifourier(1/(1+w^2),u)
ans=
     exp(-abs(u))/2
```

3.10.2　拉氏(Laplace)变换

Laplace 函数的调用格式如下。

• 通过 L=laplace(F)求时域函数 F 的拉氏变换,默认自变量为 t。返回结果默认为 s 的函数。如采用 F(t)格式,Laplace 函数返回 t 的函数 L(t)。

• 采用 L=laplace(F,t)格式,认为 L 是符号变量 t 而不是默认值 s 的函数。

　　laplace(F,t)<=>L(t)=int(F(x) * exp(-t * x),0,inf)

• 采用 L=laplace(F,w,z)格式,认为 L 是 z 而不是默认值 s 的函数,因此积分是对 w 作积分。

　　laplace(F,w,z)<=>L(z)=int(F(w) * exp(-z * w),0,inf)

例 3 - 15　拉氏变换应用示例。

解:应用 MATLAB 实现拉氏变换的示例如下。

```
>> syms a s t w x
>> laplace(x^5)
ans=
     120/s^6
>> laplace(cos(x * w),w,t)
ans=
```

```
        t/(t^2+x^2)
>> syms F(x)
>> laplace(diff(F(x)))
ans=
        s * laplace(F(x),x,s)-F(0)
```

3.10.3　Z 变换

Z 变换函数 ztrans 的调用格式如下。

- 可以通过 F=ztrans(f) 求时域函数 f 的 Z 变换,默认自变量为 n。返回结果默认为 z 的函数。
  - 采用 F=ztrans(f,w) 格式,认为 F 是符号变量 w,而不是默认值 z 的函数。
    ztrans(f,w)<=>F(w)=symsum(f(n)/w^n,n,0,inf)
  - 采用 F=ztrans(f,k,w) 格式,认为 f 是 k 函数。
    ztrans(f,k,w)<=>F(w)=symsum(f(k)/w^k,k,0,inf)

例 3 - 16　Z 变换应用示例。

解: 应用 MATLAB 实现 Z 变换的示例如下。

```
>> syms k n w z
>> ztrans(2^n)
ans=
        z/(z-2)
>> ztrans(sin(k * n),w)
ans=
        (w * sin(k))/(w^2-2 * cos(k) * w+1)
>> ztrans(cos(n * k),k,z)
ans=
        (z * (z-cos(n)))/(z^2-2 * cos(n) * z+1)
>> ztrans(cos(n * k),n,w)
ans=
        (w * (w-cos(k)))/(w^2-2 * cos(k) * w+1)
```

应用举例

例 3 - 17　求极限

$$\lim_{x \to \infty}\left(\frac{x+a}{x-a}\right)^x$$

解: 应用 MATLAB 求解过程如下。

```
>> syms a x
>> limit(((x+a)/(x-a))^x,inf)
ans=
```

$$\exp(2 * a)$$

例 3 - 18　求极限

$$\lim_{x \to 0^+} (\tan x)^{\frac{1}{\ln x}}$$

解:应用 MATLAB 求解过程如下。

```
>> limit((tan(x))^(1/log(x)),x,0,'right')
ans=
```

$$\exp(1)$$

例 3 - 19　若有

$$f(t) = \lim_{x \to \infty} t \left(1 + \frac{1}{x}\right)^{2tx}$$

则 $f'(t) = ?$

解:应用 MATLAB 求解过程如下。

```
>> syms t x
>> f=limit(t * (1+1/x)^(2 * t * x),x,inf)
f=
```

$$t * \exp(2 * t)$$

```
>> diff(f,t)
ans=
```

$$\exp(2 * t) + 2 * t * \exp(2 * t)$$

例 3 - 20　求积分

$$\int_1^{+\infty} \frac{\sqrt{x}}{(1 + x)^2} \mathrm{d}x$$

解:应用 MATLAB 求解过程如下。

```
>> int(sqrt(x)/(1+x)^2,1,inf)
ans=
```

$$1/4 * pi + 1/2$$

例 3 - 21　求下列一阶微分方程的通解:

$$y' + y \tan x = \cos x$$

解:应用 MATLAB 求解过程如下。

```
>> y=dsolve('Dy+y * tan(x)=cos(x)','x')
y=
```

$$\cos(x) * (x + C1)$$

例 3 - 22　求下列微分方程组的解:

$$\begin{cases} \dfrac{\mathrm{d}y}{\mathrm{d}x} - z = \cos x \\ \dfrac{\mathrm{d}z}{\mathrm{d}x} + y = 1 \end{cases}$$

解:应用 MATLAB 求解过程如下。

```
>>[y,z]=dsolve('Dy-z=cos(x),Dz+y=1','x')
```

y＝

　　sin(x) ∗ (C1＋(sin(x) ∗ (sin(x)＋2))/2)＋cos(x) ∗ (C2＋x/2＋2 ∗ cos(x/2)^3 ∗ sin(x/2)＋2 ∗ cos(x/2)^2－cos(x/2) ∗ sin(x/2))

　　z＝

　　cos(x) ∗ (C1＋(sin(x) ∗ (sin(x)＋2))/2)－sin(x) ∗ (C2＋x/2＋2 ∗ cos(x/2)^3 ∗ sin(x/2)＋2 ∗ cos(x/2)^2－cos(x/2) ∗ sin(x/2))

例 3 - 23　设单位质点在水平面内作直线运动,初速度 $v|_{t=0}=v_0$,已知阻力与速度成正比(比例常数为 1),问 t 为多少时此质点的速度为 $v_0/3$?

分析:设质点的速度大小为 $v(t)$,则有

$$dv/dt＋v＝0$$
$$v|_{t=0}＝v_0$$

由 $v_0/3＝1/\exp(t) ∗ v_0$,可得 t。

解:应用 MATLAB 求解过程如下。

```
>> syms v v0 t
>> v＝dsolve('Dv＋v＝0','v(0)＝v0')
v＝

    v0 ∗ (exp(－t))
>> t＝solve(v0/3－1/exp(t) ∗ v0,'t')
t＝

    log(3)
```

上机练习题

1. 求极限:

$$\lim_{x\to 0^+}(\cos\sqrt{x})^{\frac{\pi}{x}}$$

2. 求极限:

$$\lim_{x\to\infty}\frac{3\sin x＋x^2\cos\dfrac{1}{x}}{(1＋\cos x)\ln(1＋x)}$$

3. 求极限:

$$\lim_{x\to-\infty}\frac{\sqrt{4x^2＋x-1}＋x＋1}{\sqrt{x^2＋\sin x}}$$

4. 求极限:

$$\lim_{\substack{x\to 0\\y\to 0}}(x^2＋y^2)^{x^2y^2}$$

5. 已知

$$y＝\tan^2\sqrt{x＋\sqrt{x＋\sqrt{2x}}}$$

求 y'。

6. 已知

$$y = \cos x^2 \sin^2 \frac{1}{x}$$

求 y'。

7. 求积分：

$$\int_0^\pi \sqrt{\sin x - \sin^3 x}\,\mathrm{d}x$$

8. 求积分：

$$\int \frac{1}{x}\sqrt{\frac{x+1}{x-1}}\,\mathrm{d}x$$

9. 求下列微分方程的通解：

$$y'' + 4y' + 4y = \mathrm{e}^{-2x}$$

10. 求解微分方程：

$$x^2 y' + xy = y^2,$$
$$y\,|_{x=1} = 1$$

第 4 章

计算结果的可视化

教学目标

介绍 MATLAB 的两种基本的绘图功能:二维平面图形和三维立体图形。

学习要求

掌握二维平面图形和三维立体图形的绘制方法,能够使用这些方法处理一般的数据可视化问题。

授课内容

4.1 概述

在科学研究和工程实践中,经常会遇到大批量复杂的数据,如果不借助图表来表现它们之间的关系,一般就很难看出这些数据的意义。因此,数据的可视化是数据分析中一种不可或缺的有效手段。但可视化并不像想象的那么简单,如果采用传统的编程语言,要想在自己编写的程序中产生一个图形是相当复杂的过程,完成它不仅需要用户掌握一定的编程技巧,同时也要耗费大量的时间和精力(这一点对任何使用过 C/C++或 FORTRAN 编程的人应该有所体会),这必然会影响用户对数据本身的注意力,导致一些不必要的人力资源浪费。所以一个好的科技应用软件应该不但能够提供给用户功能完善的数值计算能力,而且应该具备操作简便、内容完善的图形绘制功能,方便用户进行高效的数据处理。

MATLAB 正是全面考虑这方面因素的一个优良的软件。它不仅在数值和符号运算方面功能强大,而且在数据可视化方面的表现能力也极为突出。它具有对线型、曲面、视角、色彩、光线阴影等丰富的处理能力,并能以二维、三维乃至多维的形式显示图形数据,可以将数据的各方面特征表现出来。

MATLAB 的图形处理能力不仅功能强大,而且充分考虑了高低不同层次用户的不同需求。系统具有两个层次的绘图指令:一个层次是直接对图形句柄进行操作的底层绘图指令,它具有控制和表现数据图形能力强、控制灵活多变等优点,对于有较高或特殊需求的用户而言,该层次能够完全满足他们的要求;另一个层次是在底层指令基础上建立起的高层绘图指令,它的指令简单明了,易于掌握,适用于普通用户。与此同时,在比较新的版本中,MATLAB 还提供了图形化的菜单窗口,用户只要在工作空间区中选择需要可视化的数据变量,通过鼠标点击工具栏上想要采用的图形类型,系统就会自动将变量用所选择的图形表示出来,同时也会将对应的图形函数显示在命令窗口区中供用户参考。

4.2　二维平面图形

4.2.1　基本图形函数

plot 是绘制二维图形的最基本函数,它是针对向量或矩阵的列来绘制曲线的。在使用此函数之前,必须首先定义好曲线上每一点的 x 及 y 坐标。常用的 plot 命令格式有如下几种:

(1) plot(x)　当 x 为一向量时,以其元素为纵坐标,其序号为横坐标值绘制曲线。(当 x 为矩阵的情况,请参见自学内容,下同)

(2) plot(x,y)　以 x 元素为横坐标值,y 元素为纵坐标值绘制曲线。

(3) plot(x,y1,x,y2,…)　以公共的 x 元素为横坐标值,以 y1,y2,…元素为纵坐标值绘制多条曲线。

例 4-1　画出一条正弦曲线和一条余弦曲线。

解:

```
>> x=0:pi/10:2*pi;     % 构造向量
>> y1=sin(x);          % 构造对应的 y1 坐标
>> y2=cos(x);          % 构造对应的 y2 坐标
>> plot(x,y1,x,y2)     % 画出一个以 x 为横坐标,以 y1、y2 为纵坐标的图形
```

绘图结果如图 4-1 所示。

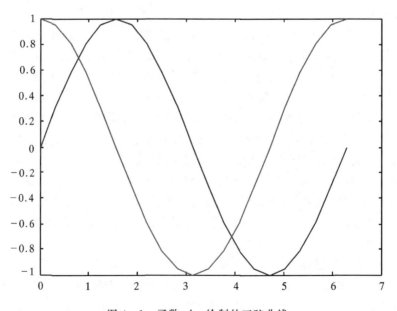

图 4-1　函数 plot 绘制的正弦曲线

一般人们在绘制曲线图形时,常常采用多种颜色或线型来区分不同的数据组。在 MAT-LAB 系统中专门提供了这方面的参数选项(见表 4 - 1),使用时只需在每个坐标对后面加上相关字符串即可实现它们的功能。

表 4 - 1　绘图参数表

色彩字符	所定颜色	线型字符	线型格式	标记符号	数据点形式	标记符号	数据点形式
y	黄	—	实线	.	点	<	小于号
m	紫	:	点线	o	圆	s	正方形
c	青	—.	点划线	x	叉号	d	菱形
r	红	——	虚线	+	加号	h	六角星
g	绿			*	星号	p	五角星
b	蓝			v	向下的三角形		
w	白			^	向上的三角形		
k	黑			>	大于号		

例如:
$$\gg plot(x, y1, 'r+-', x, y2, 'k*:')$$

绘图结果如图 4 - 2 所示,其中第一组曲线采用红色实线并用 + 号显示数据点位置,而第二组曲线采用黑色点线并用 * 号表示数据点位置。

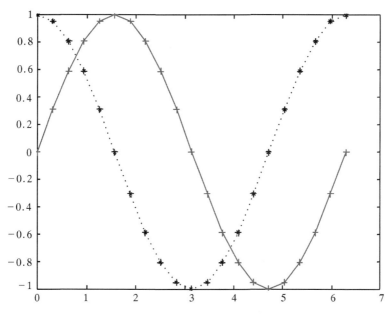

图 4 - 2　使用不同标记的 plot 函数绘制的正弦曲线

4.2.2　图形修饰

MATLAB 还为用户提供了一些特殊的图形函数来修饰已经绘制好的图形,如表 4 - 2 所示。

表 4 - 2　图形修饰函数表

函　数	意　义
grid on(/off)	给当前图形标记添加(取消)网格
xlabel('string')	标记横坐标
ylabel('string')	标记纵坐标
title('string')	给图形添加标题
text(x,y,'string')	在图形的任意位置增加说明性文本信息
gtext('string')	利用鼠标添加说明性文本信息
axis([xmin xmax ymin ymax])	设置坐标轴的最小最大值

例 4 - 2　在例 4 - 1 的图形中加入网格和标注。

解：

```
>> x=0：pi/10：2 * pi;
>> y1=sin(x);
>> y2=cos(x);
>> plot(x,y1,x,y2)
>> grid on                              % 添加网格
>> xlabel('Independent Variable X')      % 横坐标名
>> ylabel('Dependent Variable Y1&Y2')    % 纵坐标名
>> title('Sine and Cosine Curve')        % 标题
>> text(1.5,0.3,'cos(x)')                % 指定位置加标注
>> gtext('sin(x)')                       % 用鼠标选择位置加标注
```

绘图结果如图 4 - 3 所示。

```
>>axis([0 2 * pi -0.9 0.9])              % 设置坐标轴最大最小值
```

绘图结果如图 4 - 4 所示。

除了使用命令和参数对图形进行修饰与控制外，MATLAB 的图形窗口还提供了图形编辑功能(见图 4 - 5)，可以直接用鼠标完成各种图形修饰和控制功能，如在图形上添加标题、箭头、网格、文字等元素，修改图形颜色、线形等属性，甚至还可以对图形进行放大、旋转等操作。

4.2.3　图形的比较显示

在 MATLAB 系统的默认情况下，每一次使用 plot 函数进行图形绘制，都将重新产生一个图形窗口。在某些情况下，如果希望后续的图形能够和前面所绘制的图形进行比较，可以采用两种方法：一是使用 hold on(/off)命令，将新产生的图形曲线叠加到已有的图形上；第二种就是使用 subplot(n,m,k)函数，将图形窗口分割，然后在同一个视图窗口中画出多个小图形。

例 4 - 3　在同一窗口中绘制多条线段。

解：

```
>> x=-pi：pi/10:pi;
>> y1=sin(x);
```

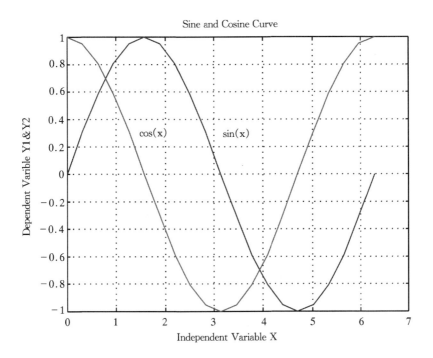

图 4 - 3　使用了图形修饰的 plot 函数绘制的正弦曲线

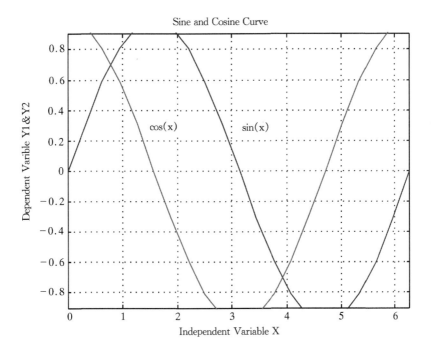

图 4 - 4　设置坐标轴最大最小值的正弦曲线

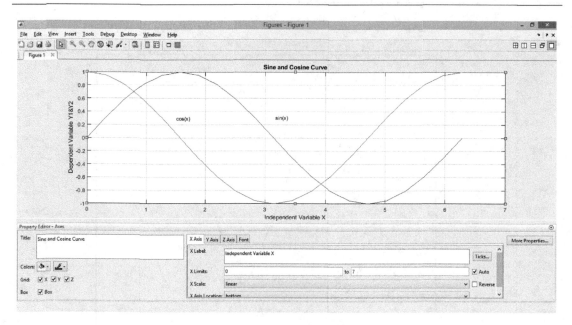

图 4 - 5　　MATLAB 图形编辑功能

```
>> y2=cos(x);
>> y3=x;
>> y4=x.^2;
>> plot(x,y1,x,y2)
>> hold on      % 设置保持状态,后续图形将在前面的窗口中叠加显示
>> plot(x,y3)
>> plot(x,y4)   % 注意坐标取值范围会自动随数据范围变化,见图 4 - 6
>> hold off     % 取消保持状态,后续图形曲线将产生一个新的图形窗口
>> plot(x,x)    % 在新窗口显示后续图形曲线,图略
```

例 4 - 4　在多个窗口中绘制图形。

解:

```
>> x=-pi:pi/10:pi;
>> y1=sin(x);
>> y2=cos(x);
>> y3=x;
>> y4=x.^2;
>> subplot(2,2,1);    % 将图形窗口分割成两行两列,要画的图形为第 1 行第 1 列
>> plot(x,y1);
>> subplot(2,2,2);    % 将图形窗口分割成两行两列,要画的图形为第 1 行第 2 列
>> plot(x,y2);
>> subplot(2,2,3);    % 将图形窗口分割成两行两列,要画的图形为第 2 行第 1 列
>> plot(x,y3);
```

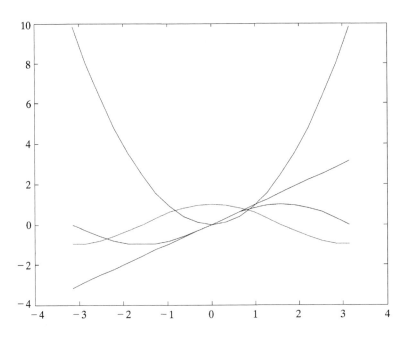

图 4-6　图形的比较显示（曲线叠加方法）

>> subplot(2,2,4);　　　% 将图形窗口分割成两行两列,要画的图形为第 2 行第 2 列
>> plot(x,y4);
绘图结果如图 4-7 所示。

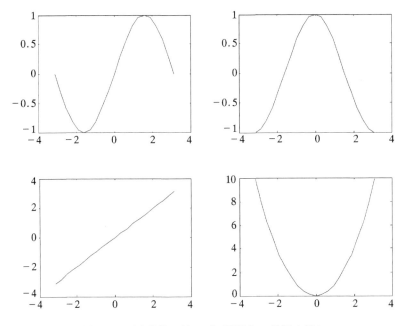

图 4-7　图形的比较显示（图形窗口分割方法）

4.3　三维立体图形

4.3.1　三维曲线图

和二维图形相对应,MATLAB 提供了 plot3 函数来在三维空间中绘制三维曲线,它的格式类似于 plot,不过多了 z 方向的数据。其调用格式为

　　　　plot3(x1,y1,z1,x2,y2,z2,…)

其中 x1,y1,z1,x2,y2,z2,…是维数相同的向量,分别存储着曲线的三个坐标值。该函数的使用方式和 plot 类似,另外也可以采用多种的颜色或线型(具体选项可参见前面的表 4-1 和表 4-2)来区分不同的数据组,只需在每个坐标对后面加上相关字串即可。

例 4-5　绘制方程 $\begin{cases} y_1 = \sin t \\ y_2 = \cos t \\ x = t \end{cases}$ 在 $t = \begin{bmatrix} 0 & 2\pi \end{bmatrix}$ 的空间方程。

解:

```
>> x=0:pi/10:2*pi;
>> y1=sin(x);
>> y2=cos(x);
>> plot3(y1,y2,x,´m:p´)
>> grid on
>> xlabel(´Dependent Variable Y1´)
>> ylabel(´Dependent Variable Y2´)
>> zlabel(´Independent Variable X´)
>> title(´Sine and Cosine Curve´)
```

绘图结果如图 4-8 所示。

4.3.2　三维曲面图

如果要画一个三维的曲面,可以使用 mesh(X,Y,Z)或 surf(X,Y,Z)函数来实现。

mesh 函数为数据点绘制网格线,图形中的每一个已知点和其附近的点用直线连接。surf 函数和 mesh 的用法类似,但它可以画出着色表面图,图形中的每一个已知点与其相邻点以平面连接。

为了方便测试立体绘图,系统提供了一个 peaks 函数,能够产生一个 $N \times N$ 的高斯分布矩阵,其生成方程式为

　　　　z=3*(1−x).^2.*exp(−(x.^2)−(y+1).^2)−10*(x/5−x.^3−y.^5).*

exp(−x.^2−y.^2)−1/3*exp(−(x+1).^2−y.^2)

对应的图形是一个凹凸有致的曲面,包含了三个局部极大点及三个局部极小点。

下面使用 peaks 函数生成的矩阵数据来比较一下 mesh 和 surf,看看二者有何区别。

例 4-6　分别用 mesh 函数和 surf 函数绘制高斯矩阵的曲面。

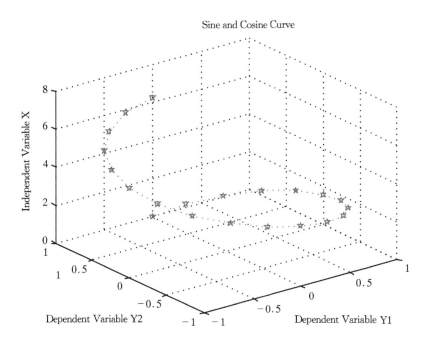

图 4 - 8　函数 plot3 绘制的三维曲线图

解:

```
>> z=peaks(40);
>> mesh(z);     % mesh 以矩阵元素值和其下标为数据点绘制网格线,见图 4 - 9
>> surf(z);     % 着色表面图,见图 4 - 10(因单色印刷,着色看不出,但可看出有变化)
```

在曲面绘图中,另外一个重要的函数是 meshgrid 函数,其一般引用格式为

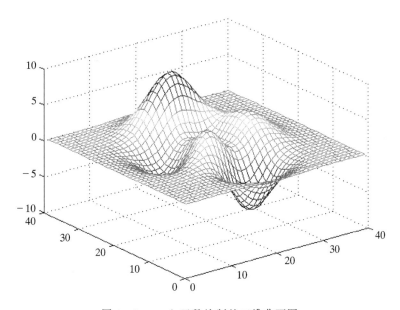

图 4 - 9　mesh 函数绘制的三维曲面图

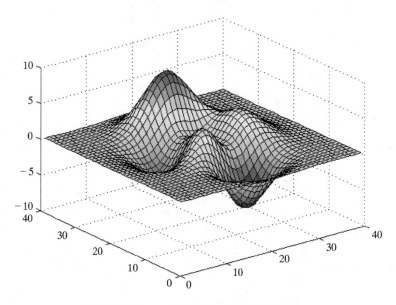

图 4-10   surf 函数绘制的着色表面图

$$[X,Y]=\text{meshgrid}(x,y)$$

其中 x 和 y 是向量,通过该函数就可将 x 和 y 指定的区域转换成为矩阵 X 和 Y。这样在绘图时就可以先用 meshgrid 函数产生在 x-y 平面上的二维的网格数据,再以一组 z 轴的数据对应到这个二维的网格,就可绘制出三维的曲面。

例 4-7   绘制方程 $z=\dfrac{\sin(\sqrt{x^2+y^2})}{\sqrt{x^2+y^2}}$ 在 $x\in[-7.5\quad 7.5]$,$y\in[-7.5\quad 7.5]$ 的图形。

解:
```
>> x=-7.5:0.5:7.5;y=x;          % 产生 x 及 y 二个向量
>> [X,Y]=meshgrid(x,y);         % meshgrid 形成二维的网格数据
>> R=sqrt(X.^2+Y.^2)+eps;       % 加上 eps 可避免当 R 在分母时趋近零时会无法定义
>> Z=sin(R)./R;                 % 产生 z 轴的数据
>> surf(X,Y,Z)                  % 见图 4-11
```

4.3.3 观察点

当人们观看某个物体图形时,特别是对于三维物体,随着观察者自身所在的位置不同,对该图形的认识也会有所区别。例如对于一个圆柱体而言,如果从它的正上方往下看,就只能看到一个圆。

MATLAB 允许用户设置自身所处的观察位置,即观察点,其执行函数是 view(azimuth, elevation),其中方位角 azimuth 是观察点和坐标原点连线在 x-y 平面内的投影和 y 轴负方向的夹角,仰角 elevation 是观察点与坐标原点的连线和 x-y 平面的夹角。对于这两个角度,系统是有默认值的,其中三维图形的默认值分别是 $-37.5°$ 和 $30°$,二维图形的是 $0°$ 和 $90°$,我们前面所显示的图形都是处在这样的位置看到的。

例 4-8   对应不同观察点的图形。

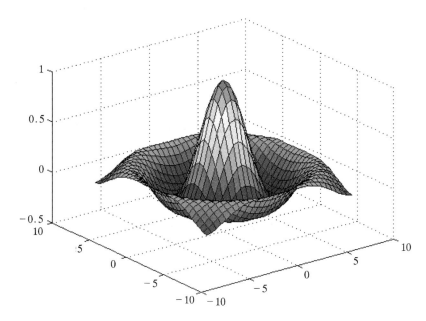

图 4-11 使用 meshgrid 函数绘制的三维曲面图

解：

```
>> z=peaks(40);
>> subplot(2,2,1);
>> mesh(z);
>> subplot(2,2,2);
>> mesh(z);
>> view(−37.5,−30);        % 绘图结果见图 4−12 右上图
```

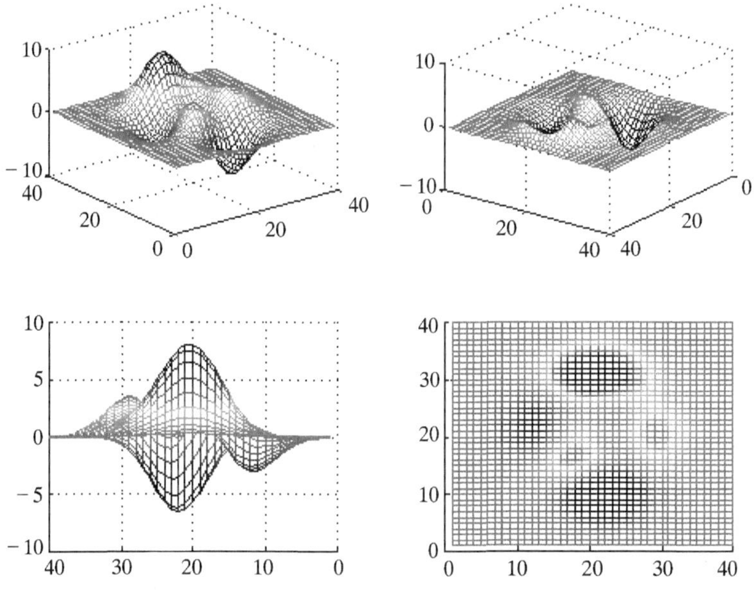

图 4-12 对应不同观察点的三维曲面图

```
>> subplot(2,2,3);
>> mesh(z);
>> view(180,0);          % 绘图结果见图 4-12 左下图
>> subplot(2,2,4);
>> mesh(z);
>> view(0,90);           % 绘图结果见图 4-12 右下图
```

自学内容

4.4　图形窗口

　　图形窗口和命令窗口是两个独立的窗口,系统自动将图形绘制在图形窗口上。如果当前系统没有图形窗口,图形命令将重新创建一个图形窗口,其属性采用系统默认属性;如果当前系统存在一个或多个图形窗口,系统会将最后一个图形窗口指定为当前图形命令的输出窗口。采用 figure 函数可以在不同的图形之间切换。

　　对于图形窗口中绘制的图形,可以用 File 菜单中的 save 或 save as 功能将其保存下来,可供选择的格式有很多种:fig、emf、bmp、jpg、pgm 等。

4.5　其他图形函数

　　除了 plot 绘图函数以外,在某些场合用户可能对绘制的曲线会有一些特殊需求,这就需要使用其他函数来实现,常用的几种可见表 4-3。

表 4-3　其他图形函数表

函　　数	功　　能
loglog	使用对数坐标系绘图
semilogx	横坐标轴为对数坐标轴,纵坐标轴为线性坐标轴
semilogy	横坐标轴为线性坐标轴,纵坐标轴为对数坐标轴
polar	绘制极坐标图
fill	绘制实心图
bar	绘制直方图
pie	绘制饼图
area	绘制面积图
quiver	绘制向量场图
stairs	绘制阶梯图
stem	绘制火柴杆图

例 4 - 9 其他图形函数应用示例。

解：

```
>> x＝0:pi/10:2 * pi;
>> yl＝sin(x);
>> subplot(2,2,1);
>> plot(x,yl);
>> subplot(2,2,2);
>> bar(x,yl);                % 直方图
>> subplot(2,2,3);
>> fill(x,yl,´g´)            % 填充为绿色实心图
>> subplot(2,2,4);
>> stairs(x,yl);             % 阶梯图
```

绘图结果如图 4 - 13 所示。

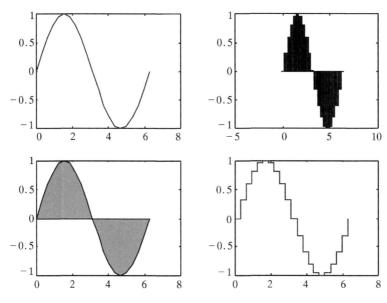

图 4 - 13 其他图形函数绘图结果

4.5.1 直方图

直方图能够将数据的相对大小表现得十分直观。MATLAB 中相关的函数有四种形式：bar、bar3、barh 和 bar3h,其中 bar 和 bar3 分别用来绘制二维和三维竖直方图,而 barh 和 bar3h 分别用来绘制二维和三维水平直方图。下面以 bar 为例说明其调用格式。

- bar(x,y) 其中 x 必须单调递增或递减,y 为 $m \times n$ 矩阵,可视化结果为 m 组,每组 n 个垂直柱,也就是把 y 的行画在一起,同一列的数据用相同的颜色表示。
- bar(y) 默认 x＝1：m。
- bar(x,y,width)或 bar(y,width) 明确了每个直方条的宽度,如 width＞1,则直方条会重叠,默认值为 width＝0.8。
- bar(…,´grouped´) 使同一组直方条紧紧靠在一起。

• bar(…,′stack′)　把同一组数据描述在一个直方条上。

例 4 - 10　绘制直方图示例。

解：

```
>> y=[5 2 3 9;4 7 2 8;1 5 6 3]
>> subplot(2,2,1),bar(y)          % 生成三组图形,每组四个直方条
>> x=[6 9 10];
>> subplot(2,2,2),bar3(x,y)
>> subplot(2,2,3),bar(x,y,′grouped′)
>> subplot(2,2,4),bar(rand(2,3),.75,′stack′)
```

绘图结果如图 4 - 14 所示。

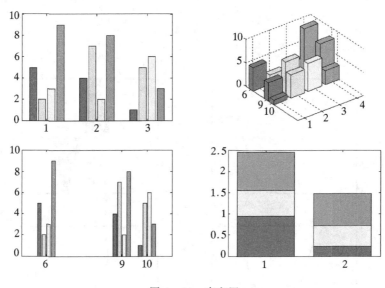

图 4 - 14　直方图

4.5.2　面积图

函数 area 可以用来绘制面积图。面积图在 plot 的基础上填充 x 轴和曲线之间的面积,该图适合查看某个数在该列所有数总和中占的比例。

例 4 - 11　绘制面积图示例。

解：

```
>> x=-3:3
x=
    -3  -2  -1  0  1  2  3
>> y=[3,2,5;6,1,8;7,4,9;6,3,7;8,2,9;4,2,9;3,1,7]
y=
    3    2    5
    6    1    8
    7    4    9
    6    3    7
```

```
           8     2     9
           4     2     9
           3     1     7
>> area(x,y)                        % 见图 4 - 15
```

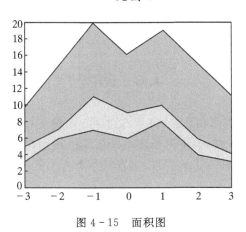

图 4 - 15　面积图

4.5.3　饼图

函数 pie 用来绘制饼图,它可以形象地表示出向量中各元素所占比例。其调用格式为:

- pie(x) 其中 x 中的元素通过 x/sum(x)进行归一化,以确定饼图中的份额。
- pie(x,explode)中向量 explode 和 x 元素数相同,用来指出需要分开的饼片,explode 中不为零的部分会被分开。

例 4 - 12　绘制饼图示例。

某大班计算机课程考试,90 分以上 32 人,80~90 分 58 人,70~80 分 27 人,60~70 分 21 人,60 分以下 16 人,画出饼图。

解:

```
>> x=[32 58 27 21 16];
>> explode=[0 0 0 0 1];            % 让不及格的部分脱离饼图
>> pie(x,explode)                  % 见图 4 - 16
```

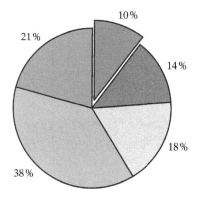

图 4 - 16　饼图

4.5.4　不同坐标系中的绘图

semilogx、semilogy loglo、polar(theta,rho)的使用方法和 plot 类似,区别只是绘制到不同的图形坐标上。函数 semilogx 绘制 x 轴为对数标度的图形,在半对数坐标系中绘图;函数 semilogy 绘制 y 轴为对数标度的图形;函数 loglog 绘制两个轴都为对数间隔的图形;函数 polar(theta,rho)绘制极坐标图形,其中 theta 为相角,rho 为对应的半径。

4.6　动画

MATLAB 支持动画的制作和放映,其制作过程比单纯制作静态图形复杂得多,也需要更多的函数来支持,作为入门教材,这里只给出一个简单的例子(仅仅使用循环和观察点设定来实现动画效果),如果读者有进一步的要求,请自行参考有关资料或系统帮助。

```
>> z=peaks(40);
>> surf(z);
>> d=1000;
>> [azimuth elevation]=view;          % 提取系统默认观察点角度
>> rot=0:1:d;
>> for i=1:length(rot)                 % 循环开始
>> view([azimuth+rot(i) elevation])   % 改变观察点
>> drawnow                             % 屏幕刷新命令
>> end                                 % 循环结束
```

4.7　符号表达式绘图

利用可视化技术可以将表达式用图形的方式显示出来,从而更好地理解表达式含义。完成这项工作会用到 fplot 函数和 ezplot 函数。

函数 fplot 用来绘制数学函数,其调用格式为 fplot(fun,lims),其中 fun 就是所要绘制的函数,可以是以 x 为变量的可计算字符串,也可以是定义函数的 M 文件名,例如 $'sin(x)'$,$x^2 * cos(1/x)$ 等。Lims=[XMIN XMAX]限定了 x 轴上的绘图区间。

例 4 - 13　fplot 函数应用示例。

解:
```
>> syms x
>> subplot(2,2,1),fplot(sin(x),[0 2 * pi])
>> subplot(2,2,2),fplot(x^2)
>> subplot(2,2,3),fplot([tan(x),sin(x),cos(x)],2 * pi * [-1 1])
>> subplot(2,2,4),fplot(sin(1./x),[0.01 0.1])
```
绘图结果如图 4 - 17 所示。

ezplot 函数是简捷绘图指令之一,可无需数据准备直接画出函数图形,其基本格式为
```
ezplot(f)
```

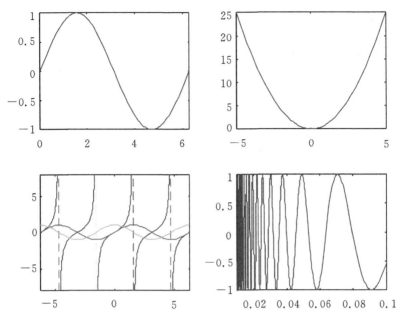

图 4-17　使用 fplot 函数绘制表达式图形

其中 f 是符号表达式或者函数。缺省情况下 x 轴的绘图区域为 $[-2*pi, 2*pi]$，也可以用 ezplot(f, xmin, xmax) 来明确给出 x 的范围。

ezplot(f, [xmin xmax], fig) 能明确指定显示的图形窗口，而不使用当前图形窗口。

例 4-14　ezplot 函数应用示例。

解：

```
>> syms x y
>> ezplot(abs(exp(-j * x * (0:9)) * ones(10,1)), [0 2 * pi])    % 见图 4-18 上图
```

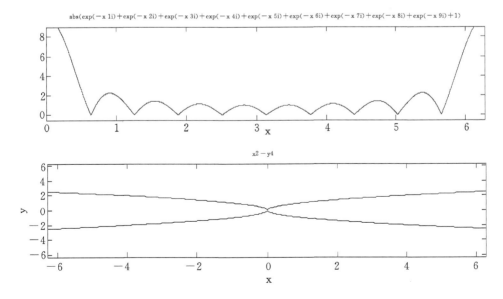

图 4-18　使用 ezplot 函数绘制表达式图形

```
>> f(x,y)=x^2-y^4;
>> ezplot(f)                                    % 见图 4-18 下图
```

4.8　plot 函数

前面讲过,plot 函数是针对向量或矩阵的列来绘制曲线的。当运用 plot(x)时,如果 x 为一向量,以其元素为纵坐标,其序号为横坐标值绘制曲线。如果 x 为一实矩阵,则以其序号为横坐标,按列绘制每列元素值相对于其序号的曲线。因此,当 x 为 $m \times n$ 矩阵时,就会绘制出 n 条曲线,举例如下。

例 4-15　参数为矩阵情况下的 plot 函数应用示例。

解:

```
>> x=[3 5 7 6;12 24 15 14;3 6 9 7];
>> plot(x)                                        % 见图 4-19
```

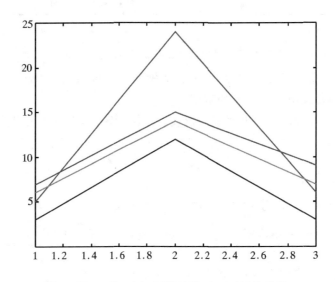

图 4-19　x 为 $m \times n$ 矩阵时的 plot(x)函数曲线

在 plot(x,y)中,如果 x、y 是同维向量,该指令以 x 元素为横坐标值,y 元素为纵坐标值绘制曲线。如果 x 是向量,y 是有一维与 x 元素数量相等的矩阵,则以 x 为共同横坐标,按列绘制 y 每列元素值,曲线数为 y 的另一维的元素数。如果 x、y 是同维矩阵,则以 x、y 对应列元素为横、纵坐标分别绘制曲线,数目等于矩阵的列数。如:

```
>> x=[3 5 7 6;12 24 15 14;3 6 9 7]
>> y=[1 3 4 2;6 8 7 5;5 4 3 9]
>> plot(x,y,'k:*')                                % 见图 4-20
```

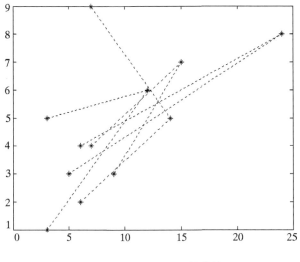

图 4 - 20　plot(x,y)函数曲线

4.9　交互式图形指令

ginput 是一个比较特殊的图形指令,使用它可以从图上获取数据。

例 4 - 16　交互式图形指令 ginput 应用示例。

解：

$>>$ [x,y]=ginput(5)　　　　% 从图形上选取 5 个点

这时,该指令会把当前图形调入前台,同时光标变为十字叉,用户可以移动光标,使交叉点落在目标点上,再单击鼠标,即可获得该点数据。例如可以在上例输出图形上随意选取 5 个点,完成后系统会输出这 5 个点的坐标。

$>>$ [x,y]=ginput(5)

x＝

　　　8.5253

　　　9.5046

　　14.8041

　　15.4378

　　19.4470

y＝

　　　5.5848

　　　4.6023

　　　5.9825

　　　5.7251

　　　7.5965

注意:上述结果中 x、y 的值是操作者在图形上任意选取的,读者在做这一实验时可能会得

出不一样的坐标值。

应用举例

例 4 - 17　有一组实验数据如下表 4 - 4 所示,请绘制各组实验数据的折线图。

表 4 - 4　实验数据

时间	数据 1	数据 2	数据 3
1	12.51	9.87	10.11
2	13.54	20.54	8.14
3	15.60	32.21	14.17
4	15.92	40.50	10.14
5	20.64	48.31	40.50
6	24.53	64.51	39.45
7	30.24	72.32	60.11
8	50.00	85.98	70.13
9	36.34	89.77	40.90

解:

```
>> clear;
>> t=1:9;
>> d1=[12.51 13.54 15.60 15.92 20.64 24.53 30.24 50.00 36.34];
>> d2=[9.87 20.54 32.21 40.50 48.31 64.51 72.32 85.98 89.77];
>> d3=[10.11 8.14 14.17 10.14 40.50 39.45 60.11 70.13 40.90];
>> plot(t,d1,'r.-',t,d2,'gx:',t,d3,'m*-.');
>> title('time&data');
>> xlabel('time');
>> ylabel('data');
>> axis([0 10 0 100]);
>> text(6.5,25.5,'\leftarrowdata1');
>> text(3,43.8,'data2\rightarrow');
>> text(4.8,30.5,'\leftarrowdata3');
```

绘图结果如图 4 - 21 所示。

例 4 - 18　画出由函数 $z = x\mathrm{e}^{-(x^2+y^2)}$ 形成的立体图。

解:

```
>> clear;
>> x=-2:0.2:2;
>> y=-2:0.2:2;
>> [xx,yy]=meshgrid(x,y);
```

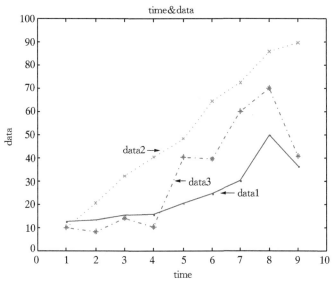

图 4 - 21　例 4 - 17 结果

>> zz＝xx. * exp(−xx.^2−yy.^2);

>> surf(xx,yy,zz);

绘图结果如图 4 - 22 所示。

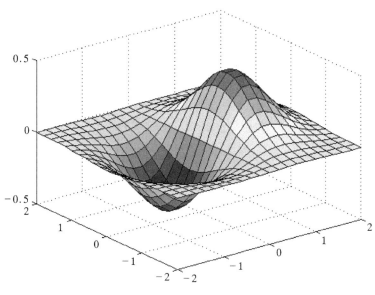

图 4 - 22　例 4 - 18 结果

上机练习题

1. 已知向量[1,2,4,0,5,10,11,21,3,1],请绘图表示。

2. 绘制单位圆。

提示:使用 axis('square')命令保证图形的纵横坐标刻度比例相同。

3. 绘制伏安特性曲线:$U=RI$,假设 R 分别为 1、5、10 和 20。

4. 某地区一年中每月的平均气温和平均降雨量如表 4-5 所示,请画出其图形,要求标注出坐标轴、数据点位置、数据点大小等。

表 4-5 某地区温度-降雨量数据

月 分	温 度	降 雨 量
1	0.2	4.6
2	2.3	3.6
3	8.7	2.1
4	18.5	2.9
5	24.6	3.0
6	32.1	2.7
7	36.8	2.2
8	37.1	2.5
9	28.3	4.3
10	17.8	3.4
11	6.4	2.1
12	−3.2	3.7

5. 已知矩阵

$$\begin{pmatrix} 1 & 1 & 1 & 1 & 1 & 1 & 1 \\ 1 & 2 & 2 & 2 & 2 & 2 & 1 \\ 1 & 2 & 2 & 2 & 2 & 2 & 1 \\ 1 & 2 & 2 & 2 & 2 & 2 & 1 \\ 1 & 1 & 1 & 1 & 1 & 1 & 1 \end{pmatrix}$$

请绘图表示。

6. 绘制 $z=x^2+y^2$ 的三维立体图。

7. 绘制由函数 $x^2/4+y^2/9+z^2/16=1$ 形成的立体图,并通过改变观察点来获得该图形在各个坐标平面上的平面投影。

第 5 章

MATLAB 的程序设计

教学目标

介绍 MATLAB 程序设计的基本概念和方法:选择语句、循环语句、命令文件及程序调试方法等。

学习要求

掌握 MATLAB 的几种基本控制语句,学会命令文件的创建和调试方法,具备对较复杂问题的编程求解能力。

授课内容

5.1 程序设计概述

通过前面的学习,读者已经掌握使用 MATLAB 系统提供的函数库来处理基本的数值计算和可视化问题的方法,然而对于有更高或特殊要求的任务来说,问题所涉及的算法可能会比较复杂,仅靠调用系统提供的函数库已经无法满足。此时,就需要编制专门的程序来求解。

使用 MATLAB 进行编程非常简单,其编程效率比其他编程语言如 C/C++、FORTRAN 等要高得多,而且编出的程序简洁、可读性很强、易于调试。

总的来说,在前面章节中,所有的例子都是采用单指令驱动模式。也就是说,当用户在 MATLAB 窗口输入单行命令时,系统会立即处理这条指令,并显示结果,所以它也被称为命令行方式。在这种方式下,MATLAB 只允许一次执行一个命令语句。正因如此,命令行方式的特点是简单、直观,但效率低下,往往很难保存中间过程,不便于处理复杂问题和大量数据。

为解决这一问题,MATLAB 提供了另外一种工作模式,即程序文件驱动模式。在这种模式下,用户可一次将多条 MATLAB 命令输入并编辑,构成一个以".m"为扩展名的程序文件(即 M 文件),然后再统一送到 MATLAB 系统中,由系统自动进行解释执行。采用这种方法,不仅便于调试,也提升了人机交互能力,也便于代码的复用,有效地提高了工作效率。因此,这种模式就成为实际应用中的主要执行方式。

从形式上说,由命令的集合所构成的 M 文件是普通的文本文件,可以用任何文本文件编辑器如 Windows 的记事本应用程序等来创建和编辑。但一般最常用的方法是直接使用

MATLAB 自带的文本编辑器,具体步骤如下。

进入 MATLAB 系统,点击主菜单栏 HOME 标签上的"New Script"图标，就可打开 MATLAB 文本编辑器。当然也可通过点击工具栏标签上的"New"图标，并选择"Script";或者直接使用快捷键 Ctrl+N;或者是在命令窗口系统提示符后面">>"输入命令"edit",来打开文本编辑器并进入创建新 M 脚本文件的状态。

打开的文本编辑器如图 5-1 所示。用户可以像使用任何一种文本编辑软件那样,在空白的编辑窗口中编写或修改程序。除此以外,MATLAB 文本编辑器还集成了调试器功能,可以对编写好的 M 文件进行编辑调试(详细内容参见 5.6 节)。

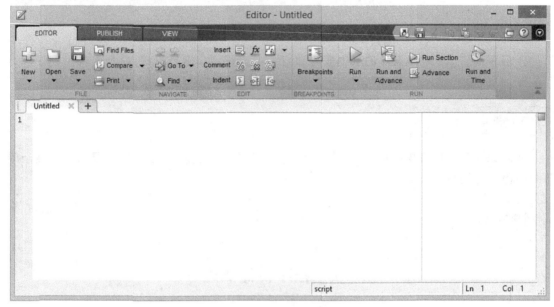

图 5-1　MATLAB 文本编辑器

当用户输入好程序后,可点击工具栏上的图标（或直接使用快捷键 Ctrl+S)存盘。在弹出的"保存为"对话框中,键入欲保存文件的文件名,并选择文件类型(当前默认的文件类型就是 m 文件)和保存文件夹位置。如对文件名和位置不做更改,系统默认的文件名是"Untitled",存放位置是系统默认的用户工作目录。

打开已有 M 文件的方法和使用任何 Windows 编辑软件打开文件的方法一样,都是使用主菜单栏上的"Open"图标按钮（或者使用快捷键 Ctrl+O)。

在 MATLAB 中,根据不同的用途和组织形式,可将 M 文件分为两种类型:命令文件和函数文件。下面首先介绍 M 命令文件(函数文件将在第 6 章讲述)。

5.2　M 命令文件

命令文件又称为 M 脚本文件,实际上是一串命令行文件的简单叠加,它的执行方式很简单,用户只需在 MATLAB 的系统提示符">>"后面键入某个命令文件的文件名,MATLAB 就会自动按流程顺序执行该命令文件中的各条语句,就像用户在命令窗口中逐行输入并运行这些命令一样。

例 5-1　绘制正弦和余弦曲线,并加入网格和标注。

解:MATLAB 程序如下。

```
clear
t=0:0.1:10;
y1=sin(t);
y2=cos(t);
plot(t,y1,′r′,t,y2,′b——′);
x=[1.7*pi;1.6*pi];
y=[-0.3;0.7];
s=[′sin(t)′;′cos(t)′];
text(x,y,s);                    % 指定位置加标注
title(′正弦和余弦曲线′);          % 标题
legend(′正弦′,′余弦′)            % 添加图例注解
xlabel(′时间′)                  % x 坐标名
ylabel(′正弦 & 余弦′)           % y 坐标名
grid on                         % 添加网格
axis square                     % 将图形设置为正方形
```

操作步骤:

打开 MATLAB 文本编辑器,在编辑窗口中输入上述程序并保存为"M0501. m"(此处作者采用的是 M+章节名+序号名的文件命名方式,读者当然也可以采用自己习惯的命名方法,只要它满足系统的文件名命名要求即可),然后就可以执行程序得到结果如图 5-2 所示。

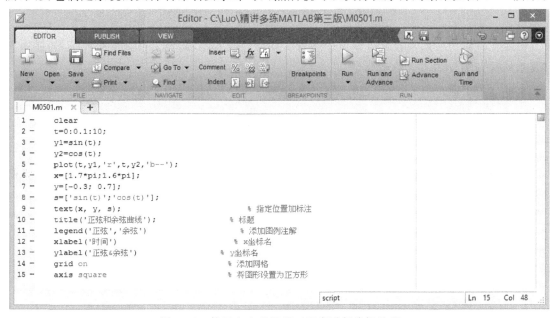

图 5-2　使用文本编辑器对程序进行编辑处理

　　执行一个程序的方法有两种：一种是直接在 MATLAB 文本编辑器窗口启动程序，其方法是使用"EDITOR"标签中的工具栏上的图标按钮 ▷，当然也可直接使用快捷键 F5 来完成；另外一种方法是回到 MATLAB 命令窗口，在提示符"＞＞"后键入程序文件名"M0501"(或读者自己所采用的文件名称)，即可得到运行结果，如图 5 - 3 所示。

　　＞＞M0501

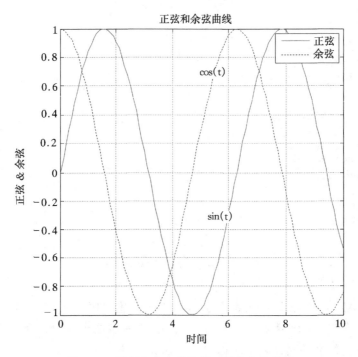

图 5 - 3　使用命令文件绘制正弦和余弦曲线

　　命令文件解决了用户在命令窗口中运行多条命令的麻烦，避免了很多重复性工作，适用于需要立即得到结果的小规模运算。

　　下面一节中的所有例子都将编成命令文件进行调试运行。

5.3　控制语句

　　对上面的例 5 - 1 再次研究会发现，虽然该程序所包含的语句较多，但其结构实际非常简单，仅仅是一些顺序执行的语句序列罢了，其程序模式为

　　　　　　语句 1；
　　　　　　语句 2；
　　　　　　　　⋮
　　　　　　语句 n；

　　执行顺序也是：语句 1、语句 2、⋯、语句 n。

　　这种程序模式称为顺序语句结构，它是最常见的一种程序控制语句形式，在一般程序中大量存在。不过这种语句结构本身太过于简单，因此，在求解实际问题时，常常还会用到下面的

两种控制语句形式：

（1）选择语句：能够按照不同输入情况对某个条件进行判断，然后根据该条件成立与否选择不同的处理方案。

（2）循环语句：令计算机反复多次执行某些程序段，可以充分发挥计算机高速运算的能力，并避免多次重复编写相同程序代码所带来的程序结构上的臃肿。

5.3.1　选择语句

在实际生活中，常常会遇到一些需要判断的问题。例如，乘坐飞机时，航空公司规定每位乘客可以免费托运的行李是 20 kg，如果超出此重量，将要按照某种计算方法，计算应缴纳的托运费用；类似的例子还有邮局对不同重量的信件所采用的不同资费标准，国家对不同收入人群征收个人所得税时采用的不同税率等。在计算机程序设计中，这些问题都可以用选择语句来解决。

选择语句的特点是：根据给出的条件，决定从给定的操作中选择哪一组去执行。

MATLAB 提供了两种选择语句结构。

1. if 语句

if 语句的基本格式为：

　　if 表达式
　　　　语句序列 1
　　else
　　　　语句序列 2
　　end

其执行步骤为：首先计算关键字 if 后面表达式的值，根据计算结果，确定程序不同的执行流程。即如果表达式的值为真（非零值），则执行语句序列 1，然后跳过语句序列 2，向下执行 end 后面的语句；如果表达式的值为假（零值），则执行语句序列 2，然后顺序向下执行。

例 5 - 2　提示用户输入两个数值，程序能够判断其中的最大值并输出。

解：MATLAB 程序如下。

```
clear
m＝input('请输入第一个数值:');      ％ 提示用户通过键盘输入数据
n＝input('请输入第二个数值:');      ％ 提示用户通过键盘输入数据
if m＜n
    max＝n;
else
    max＝m;
end
max
```

操作步骤：

打开 MATLAB 文本编辑器，在编辑窗口中输入上述程序并保存为"M0502.m"。回到 MATLAB 命令窗口，在提示符"＞＞"后键入程序文件名"M0502"，然后按照提示输入准备判断大小的两个数值，即可得到运行结果。

>> M0502

请输入第一个数值:128

请输入第二个数值:256

max=

　　256

除了以上所示的 if 语句的基本格式以外,在实际编程中,根据不同的问题复杂程度,还可以对基本格式进行调整,产生如下的两种变形:

(1) 单分支 if 语句:对于比较简单的问题,可能仅需要根据条件决定是否执行某种操作,这时就可以将 if 语句中的 else 部分省略,变成为如下格式:

```
if 表达式
    语句序列
end
```

其执行步骤为:如果表达式的值为真时,执行语句序列;否则,直接执行 if 语句后面的其他语句。

例 5 - 3　提示用户输入两个数值,程序能够判断其中的最大值并输出。

分析:对于这样一个简单问题,也可以用单分支 if 语句来解决。

解:MATLAB 程序如下。

```
clear
m=input('请输入第一个数值:');        % 提示用户通过键盘输入数据
n=input('请输入第二个数值:');        % 提示用户通过键盘输入数据
if m<n
    m=n;
end
m
```

操作步骤:

打开 MATLAB 文本编辑器,在编辑窗口中输入上述程序并保存为"M0503. m"。回到 MATLAB 命令窗口,在提示符">>"后键入程序文件名"M0503",然后按照提示输入欲判断的两个数值,即可得到运行结果。

>> M0503

请输入第一个数值:7

请输入第二个数值:2

m=

　　7

(2) 多分支 if 语句:同样地,如果问题逻辑比较复杂,需要有 2 个以上的选择时,可采用以下的多分支 if 语句格式:

```
if 表达式 1
    语句序列 1
elseif 表达式 2
    语句序列 2
```

...
  elseif 表达式 n
    语句序列 n
  else
    语句序列 $n+1$
 end

  其执行步骤为:首先计算关键字 if 后面表达式 1 的值,如果表达式 1 为真,则执行语句序列 1,完成后跳出整个 if 语句结构,继续执行 end 后的语句;如果表达式 1 不满足,则跳过程序模块 1,进而判断表达式 2 的真假,若为真,则执行语句序列 2,并跳出整个 if 语句结构,继续执行 end 后的语句;如此一直进行下去,若所有条件都不满足,则执行关键字 else 后面的语句序列 $n+1$。

  例 5 - 4　将百分制的学生成绩转换为五级制的成绩。

  解:MATLAB 程序如下。

```
clear
n=input('输入百分制的学生成绩:');    % 提示用户通过键盘输入数据
if n>=90
    r='A'
elseif n>=80
    r='B'
elseif n>=70
    r='C'
elseif n>=60
    r='D'
else
    r='E'
end
```

  操作步骤:

  打开 MATLAB 文本编辑器,在编辑窗口中输入上述程序并保存为"M0504.m"。回到 MATLAB 命令窗口,在提示符">>"后键入程序文件名"M0504",按照提示输入欲转换的成绩数值,即可得到运行结果。

```
>> M0504
输入百分制的学生成绩:77
r=
    C
```

  2. switch 语句

  switch 语句用于实现多重选择,其格式为

    switch 表达式
      case 数值 1
        语句序列 1

```
        case 数值 2
            语句序列 2
        ……
        otherwise
            语句序列 n
        ……
    end
```

switch 语句的执行过程是：首先计算关键字 switch 后面表达式的值，然后将计算结果与每一个关键字 case 后面的数值依次进行比较，如果与某一个数值相等，则执行该 case 段中的语句序列，在执行完该 case 段以后，就跳出整个 switch 语句；如果表达式的值与所有 case 后面的数值无一相同，则执行 otherwise 段中的语句序列。当然，根据实际问题需要，在构造 switch 语句时，也可将结构中的 otherwise 段省略。

例 5 - 5　将百分制的学生成绩转换为五级制的成绩。

解：MATLAB 程序如下。

```
clear
n＝input(´输入百分制的学生成绩：´);      % 提示用户通过键盘输入数据
switch fix(n/10)                        % 使用 fix 函数实现小数取整
    case {10,9}        % 多值情况下,可将多值用大括号括起来作为一个单元处理
        r＝´A´
    case 8
        r＝´B´
    case 7
        r＝´C´
    case 6
        r＝´D´
    otherwise
        r＝´E´
end
```

操作步骤：

打开 MATLAB 文本编辑器，在编辑窗口中输入上述程序并保存为"M0505.m"。回到 MATLAB 命令窗口，在提示符"＞＞"后键入程序文件名"M0505"，按照提示输入欲转换的成绩数值，即可得到运行结果。

```
>> M0505
输入百分制的学生成绩:95
r＝

    A
```

从上例可以看到，使用了 switch 语句的程序简捷明了。对于同样的问题，虽然也可以用前面多分支 if 语句来实现（如例 5 - 4），但因为问题本身的分支过多，导致嵌套的 if 语句的层次就会很多，使整个程序的逻辑结构复杂，可读性变差。

5.3.2　循环语句

循环语句用来解决实际应用中需要重复执行的问题,例如,计算 $1+2+\cdots+100$,解决阶乘 $n!$ 问题等。

MATLAB 提供了两种类型的循环语句。

1. while 语句

  while 表达式
   语句序列
  end

其执行步骤为:首先计算关键字 while 后面表达式的值,当表达式的结果为真(非零值)时,反复执行作为循环体的语句序列,直到表达式的值为假(零值)时,退出循环,向下继续执行 end 后面的语句。

例 5-6　计算阶乘 $7! =1\times2\times3\times\cdots\times7$,要求使用 while 语句来编程。

解:MATLAB 程序如下。

```
clear
p=1;
i=1;
while i<=7
    p=p*i;
    i=i+1;
end
p
```

操作步骤:

打开 MATLAB 文本编辑器,在编辑窗口中输入上述程序并保存为"M0506.m"。回到 MATLAB 命令窗口,在提示符">>"后键入程序文件名"M0506",即可得到运行结果。

```
>> M0506
p=
    5040
```

要注意到的是,在 while 语句的循环体语句序列中,一定要有改变循环条件的语句,即要有能够修改循环条件表达式值的语句,以确保在执行了一定次数之后可以退出循环。如在上面的程序例子中,循环变量 i 在每次循环中都能够在原来数值的基础上增加 1,经过执行 7 次自增后,最终使循环条件表达式 i<=7 不再成立,从而使循环得以结束。如果这个程序没有 i 自增语句,那么循环条件表达式的值将无法再改变,循环也就永远不会终止,结果就成了"死循环"。一旦在编程中不小心出现了死循环,程序将无法自己从这种状态中解脱出来,这时用户可使用快捷键 Ctrl+C 来强行终止程序。

2. for 语句

除了用 while 语句解决循环问题以外,对于已知重复次数的场合,MATLAB 还专门提供了一种更为简单、直观的 for 语句。其格式为:

　　　　　for 循环变量＝起始值:步长:终止值
　　　　　　　语句序列
　　　　　end
其中步长的值可以在正实数或负实数范围内任意指定,如果步长为正数,当循环变量的值大于
终止值时,循环结束;如果步长为负数,当循环变量的值小于终止值时,循环结束。
　　当步长为 1 时,可以缺省不写,如例 5－7 所示。
　　例 5－7　计算阶乘 7! ＝1×2×3×⋯×7,要求使用 for 语句来编程。
　　解:MATLAB 程序如下。
clear
p＝1;
for i＝1：7
　　p＝p * i;
end
p
操作步骤:
　　打开 MATLAB 文本编辑器,在编辑窗口中输入上述程序并保存为"M0507. m"。回到
MATLAB 命令窗口,在提示符"＞＞"后键入程序文件名"M0507",即可得到运行结果。
　　＞＞ M0507
　　p＝
　　　5040
　　从上面这个例子可以看出,使用 while 语句和 for 语句所得到的结果是相同的,因此,它们
在很多问题中都可以通用。这两种语句结构的区别仅在于:在 while 语句中,作为循环体的语
句序列所要被执行的次数是事先不知道的,它是由执行条件来决定每次循环是否结束;而在
for 语句中,循环的执行次数是确定的。

3. 循环嵌套

　　在作为循环体的语句序列中,如果又包含了另一个或多个循环语句,就构成了循环嵌套结
构,或称为多重循环结构,如例 5－8 所示。
　　例 5－8　编程计算 1! ＋2! ＋3! ＋⋯＋7!
　　解:MATLAB 程序如下。
　　　clear
　　　sum＝0;
　　　for k＝1:7
　　　　　p＝1;
　　　　　for i＝1:k
　　　　　　　p＝p * i;
　　　　　end
　　　　　sum＝sum＋p;
　　　end
　　　sum

操作步骤：

打开 MATLAB 文本编辑器，在编辑窗口中输入上述程序并保存为"M0508. m"。回到 MATLAB 命令窗口，在提示符">>"后键入程序文件名"M0508"，即可得到运行结果。

```
>> M0508
sum=
    5913
```

自学内容

5.4　其他控制语句

除了上面所讲的基本控制语句以外，MATLAB 还提供了其他一些控制语句，如改变循环执行流程的 break 和 continue 语句、支持人机交互的 input、pause 等语句，可以帮助编程者完成更加精细、复杂的任务。下面介绍其中一些常用的语句命令。

1. break 语句

break 语句的格式为

```
break
```

用于终止包含该 break 语句的各种 while 或 for 循环语句，让程序立即跳出循环，而继续执行循环以后的下一条语句。

例 5 - 9　找到 100～999 之间第一个能够被 11 整除的自然数。

解： MATLAB 程序如下。

```
clear
for i=100：999
    if mod(i,11)==0          % mod 为求余函数，判断 i 是否能够被 11 整除
        break               % 在得到满足整除条件的第一个数后，立即终止循环
    end
end
i
```

操作步骤：

打开 MATLAB 文本编辑器，在编辑窗口中输入上述程序并保存为"M0509. m"。回到 MATLAB 命令窗口，在提示符">>"后键入程序文件名"M0509"，即可得到运行结果。

```
>> M0509
i=
    110
```

2. continue 语句

continue 语句用于提前结束循环，可用于 while 和 for 语句结构中。其格式为

```
continue
```

在 while 和 for 语句循环中，当出现 continue 语句时，则让程序跳过循环体中剩余的其他

语句,而继续下一次循环。这里,要注意和跳出整个循环结构并执行后续语句的 break 语句的区别,掌握在程序中恰当的使用 break 和 continue 语句的技巧。

例 5 - 10　找到 100~999 之间所有能够被 11 整除的自然数。

解:MATLAB 程序如下。

```
clear
for i=100:999
    if mod(i,11)~=0            % mod 为求余函数,判断 i 是否能够被 11 整除
        continue               % 将不满足整除条件的数去掉,继续判断下一个数
    end
    i
end
```

操作步骤:

打开 MATLAB 文本编辑器,在编辑窗口中输入上述程序并保存为"M0510.m"。回到MATLAB 命令窗口,在提示符">>"后键入程序文件名"M0510",即可得到运行结果。

```
>> M0510
i=
    110
i=
    121
i=
    132
    ⋮
i=
    990
```

3. input 命令

该命令用来提示用户从键盘输入数据、字符串或表达式,并接受输入值。例5-2、例 5-3都已使用了该命令。

4. keyboard 命令

请求键盘输入命令 keyboard 多用于程序调试,可用于检查或修改变量。当程序执行到这一语句时,MATLAB 将暂停程序运行,并处于键盘模式(keyboard mode),此时命令窗口的系统提示符">>"变为"K>>"。在这种状态下,系统仍可以响应键盘输入的任意多条命令。

要结束键盘模式,需在提示符"K>>"后键入"return"并按下回车换行键。

5. pause 命令

该命令可使程序暂停,等待用户响应,一旦用户按下任意一个键后程序将继续执行。该指令在程序调试或查看中间结果时非常有用。

6. echo 命令

在一般情况下,M 文件执行时不会显示其程序语句,而使用 echo on 命令可以让程序语句变得可见,这对于程序的调试或演示很有用。

7. return 语句

return 语句用于终止当前命令的执行,使程序返回到调用函数处或等待键盘输入指令。

在 MATLAB 中,如果一个函数被调用,一般正常情况下,它会运行到本身程序结束时才会自动返回到调用函数处,而使用 return 语句可以提前结束被调用函数的运行,返回调用函数处。

除此以外,也可以用 return 语句来终止键盘模式。

调试技术

5.5　MATLAB 调试器

虽然 MATLAB 语言比其他编程语言简单,但仍有自己的语法规定,加之编程者对问题的理解难免会有或多或少的偏差等因素,在编写程序过程中出现错误一般是不可避免的。因此,在编程过程中出现错误并不可怕,只要能够准确迅速地找到出错点并进行修改就可以了。当然,要找到错误位置却并非一件易事,需要编程者具备一定的编程调试技巧并借助一定的调试工具来完成。本节将重点介绍 MATLAB 的调试器,它具备在执行过程中显示工作空间内容、查看函数调用的栈关系、单步执行函数代码等功能,能够有效帮助编程者找出程序中的错误。

常见的编程错误主要分为两类:

① 语法错误:这类错误是在编译过程中就能发现的语法错误,例如函数名的拼写错误、括号个数不匹配等,MATLAB 可以检查出大部分语法错误,标出错误所在的程序行号,并显示错误信息,编程者可以根据这些信息,很容易的修正错误。

② 运行错误:这类错误是在程序运行期间出现的错误,一般是难以跟踪定位的。其根源一般为算法设计有缺陷,例如,在计算中不小心出现除数为 0 时,将出现运行错误。

当程序发生运行错误时,虽然不会停止程序的执行,也不会显示错误位置,但无法得到正确的执行结果。由于这种错误只能在程序执行结束或者因出错而返回到基本工作空间时,才会知道,而这时各个函数的局部工作空间已关闭,结果导致错误很难追踪。要改正此类错误,编程者能够采用的一种简单方法就是:在运行错误可能发生的函数文件中,删除某些命令末尾的分号,这样就能够显示出一些程序的中间计算结果,从中可发现一些问题;除此以外,编程者能够采用的另外一种非常高效的查找错误方法是:使用 MATLB 的调试器。

调试器是 MATLAB 文本编辑器中最出色的部件之一,可以帮助编程者查看了解程序运行状况,找到在软件开发中可能遇到的几乎每个错误。

调试器拥有的主要调试手段有设置断点、跟踪和观察。所谓断点,是编程者在程序中设定的某一特殊的位置,当调试运行时,程序的执行流程到达断点后会自动停下来。此时,编程者就可以从容的对程序变量、表达式、调试输出、堆栈值等信息进行观察,从而了解程序的运行情况。进一步,从断点出发,也可以继续跟踪后续程序段的运行。

在程序文件的当前编辑位置设置一般标准断点的方法很多,其中最直接的方式是使用快捷键 F12,也可以用鼠标点击要设置断点的语句所在行对应的编辑窗口左边框,或者点击工具栏上的 Breakpoints 标签并选择 Set/Clear 选项设置断点(见图 5 - 4)。设置好的断点会在编

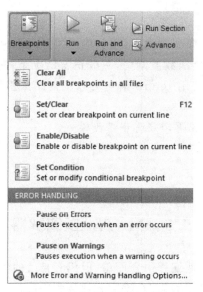

图 5-4　MATLAB 断点设置

辑窗口左边框上出现一个非常醒目的大红圆点。取消一个断点的方法与之类似,只要在有断点的语句上重新使用快捷键 F12 或直接点击该大红圆点即可。

除了标准断点以外,还有一种条件断点。用户可以通过点击工具栏上的 Breakpoints 标签并选择 Set Condition 选项来设置这种断点。在弹出的对话框中,用户可以设置一定的条件,如 x==0,这样当程序执行到这一行时,如果所设定的条件成立,程序就会自动停止在这一行。否则,程序将不会停止。

设置好断点以后,就可通过点击工具栏上的 Run 图标(或使用快捷键 F5)使程序在调试状态下运行。和以往运行不同的是,这种运行将在断点处暂停,此时,编辑器左边框上的对应位置会出现一个绿色箭头指示被中断的语句,MATLAB 的版面布置也会一些发生变化,工具栏中的许多与运行相关的子项被激活,如图5-5所示。

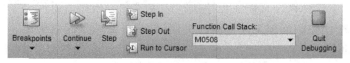

图 5-5　MATLAB 调试器运行子项

其中比较常用的子项有:

(1) Continue(快捷键为 F5):从当前语句开始执行程序,直到遇到一个断点或程序结束。

(2) Step(快捷键为 F10):单步执行。如果是一语句,则单步执行;如果是一函数调用,将此函数一次执行完毕,运行到下一条可执行语句。

(3) Step In(快捷键为 F11):单步执行每一程序行,遇到函数时则进入函数体内单步执行。

(4) Step Out(快捷键为 Shift+F11):从函数体内运行到外,即从当前位置运行到调用该函数语句的下一条语句。

(5) Run to Cursor:执行程序,直到当前光标所在位置。

(6) Quit Debugging:退出调试器,同时结束调试过程和程序运行过程。

　　MATLAB 调试器有一个非常有用的特性,可以用来快速观察某个变量的值。即如果用鼠标在某个变量上停留片刻,就会出现一个小小的黄色窗口,显示该变量当前数值。如果是数组,则显示数组数值;如果是字符串,就显示字符串内容。

　　下面以一个简单例子来说明如何利用调试器进行 MATLAB 程序的调试。如图 5 - 6 中左下角的小窗口中就显示了变量 n 的值。

　　例 5 - 11　编写程序求解如下问题并尝试调试运行:我国人口按 2000 年第五次全国人口普查的结果为 12.9533 亿,如果假定年增长率 1.07% 保持不变,请问多少年后我国总人口能够达到 30 亿?

　　解:MATLAB 程序如下。

```
clear
r=0.0107;
n=0;
p=12.9533E8;
while p<=30E8
    p=p*(1+r);
    n=n+1;
end
n
```

操作步骤:

(1) 输入程序

　　打开 MATLAB 文本编辑器,在编辑窗口中输入上述程序并保存为“population. m”。这时在 MATLAB 编辑窗口中,包含如图 5 - 6 所示的断点调试工具图标。可以先试着运行一下程序,确保没有语法错误。

图 5 - 6　设置断点后的文本编辑器

(2) 设置断点

　　设置断点的方法如前所述,调试过程基本上都是从设置断点开始的。程序运行时,将在断点处暂停,允许编程者查看和修改函数的工作空间中的变量值。断点用行首的大红点来表示。如果设置断点的行不是可执行语句,断点会自动被设置在下一个可执行语句处。

　　在调试之前,编程者一般无法肯定错误所在位置,甚至不知道哪部分程序有问题。因此调试总是按照执行顺序,逐段查找。在本例中,可以先在 population. m 文件的第 6 行设置断点。

　　(3) 检查变量

　　此时如果点击工具栏上的 Run 图标(或使用快捷键 F5)来运行代码,程序将在调试状态下暂停在断点所在的第 6 行。这时,在断点行有一向右的绿色空心箭头,表示该行是接着要执行的指令,如图 5-6 所示。这时可检查程序中变量当前所存储的数值。最简单的方法就是移动鼠标指向变量名,变量的值就会自动显示;也可以到 MATLAB 命令空间输入变量名,结果会显示在命令窗口;或者可以到工作区空间区直接查看变量内容。

　　(4) 继续调试

　　如果在上一步还没有发现问题,可以在工具栏上点击单步 Step 或 Step in 图标,则程序会继续向下执行一行。

　　通过上面的例子可以看出,利用调试器调试程序的过程,就是通过设置断点,观察断点的各种信息,单步跟踪有疑问的程序段进行的。

应用举例

　　例 5-12　编程生成如下的三对角矩阵:

$$\begin{bmatrix} 1 & 1 & 0 & 0 & 0 & 0 & 0 \\ 1 & 1 & 1 & 0 & 0 & 0 & 0 \\ 0 & 1 & 1 & 1 & 0 & 0 & 0 \\ 0 & 0 & 1 & 1 & 1 & 0 & 0 \\ 0 & 0 & 0 & 1 & 1 & 1 & 0 \\ 0 & 0 & 0 & 0 & 1 & 1 & 1 \\ 0 & 0 & 0 & 0 & 0 & 1 & 1 \end{bmatrix}$$

　　解:MATLAB 程序如下。

```
clear
for i=1:7
    for j=1:7
        switch abs(i-j)
            case {0,1}
                a(i,j)=1;
            otherwise
                a(i,j)=0;
        end
    end
end
a
```

操作步骤：

打开 MATLAB 文本编辑器，在编辑窗口中输入上述程序并保存为"Trimatrix. m"。回到
MATLAB 命令窗口，在提示符">>"后键入程序文件名"Trimatrix"，即可得到运行结果。

```
>> Trimatrix
a=
     1     1     0     0     0     0     0
     1     1     1     0     0     0     0
     0     1     1     1     0     0     0
     0     0     1     1     1     0     0
     0     0     0     1     1     1     0
     0     0     0     0     1     1     1
     0     0     0     0     0     1     1
```

例 5-13　求元素值小于 100 的 Fibonacci 数组。

分析：Fibonacci 数组的元素满足 Fibonacci 规则：$F_{k+2}=F_k+F_{k+1}$，$(k=1,2,\cdots)$；且 $F_1=F_2=1$。

解：MATLAB 程序如下。

```
clear
f=[1 1];
k=1;
while f(k)+f(k+1)<100          % 当现有的元素仍小于 100 时，求解下一个元素
    f(k+2)=f(k)+f(k+1);
    k=k+1;
end
f
```

操作步骤：

打开 MATLAB 文本编辑器窗口，输入上述程序并保存为"Fibonacci. m"。回到 MAT-
LAB 命令窗口，在提示符">>"后输入"Fibonacci"，即可得到运行结果。

```
>> Fibonacci
f=
     1     1     2     3     5     8    13    21    34    55    89
```

例 5-14　画出一组花瓣状图形。

解：MATLAB 程序如下。

```
% 画花瓣状图形
theta=-pi:0.01:pi;
rho(1,:)=2*sin(5*theta).^2;
rho(2,:)=cos(10*theta).^3;
rho(3,:)=sin(theta).^2;
rho(4,:)=5*cos(3.5*theta).^3;
for i=1:4
```

```
    polar(theta,rho(i,:))              % 图形输出函数
    pause
end
```

操作步骤:

打开 MATLAB 文本编辑器窗口,输入上述程序并保存为"flower. m"。回到 MATLAB 命令窗口,在提示符">>"后输入"flower",即可得到运行结果,如图5-7所示。

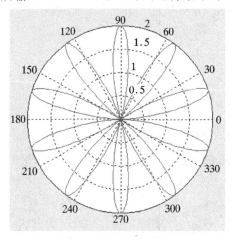

图 5-7　花瓣图案之一

```
>> flower
```

例 5-15　从集合{1,2,3,4,5,6,7}中每次取出五个元素,编程求出所有的 21 个五元素子集,结果用一个 21×5 的矩阵表示。

分析:从 7 个不同元素中,取出 5 个元素,而不考虑次序,因此这是一个典型的组合问题,可以用嵌套的循环语句穷举出来。

解:MATLAB 程序如下。

```
clear
a=[];
for i=1:11
    for j=i+1:7
      for k=j+1:7
        for m=k+1:7
          for n=m+1:7
            a=[a;i,j,k,m,n];
          end
        end
      end
    end
end
a
```

操作步骤：

打开 MATLAB 文本编辑器窗口，输入上述程序并保存为"combination. m"。回到 MAT-
LAB 命令窗口，在提示符">>"后输入 combination，即可得到运行结果。

```
>> combination
    1    2    3    4    5
    1    2    3    4    6
    1    2    3    4    7
    1    2    3    5    6
    1    2    3    5    7
    1    2    3    6    7
    1    2    4    5    6
    1    2    4    5    7
    1    2    4    6    7
    1    2    5    6    7
    1    3    4    5    6
    1    3    4    5    7
    1    3    4    6    7
    1    3    5    6    7
    1    4    5    6    7
    2    3    4    5    6
    2    3    4    5    7
    2    3    4    6    7
    2    3    5    6    7
    2    4    5    6    7
    3    4    5    6    7
```

上机练习题

1. 使用命令文件，画出下列分段函数所表示的曲线。

$$y = \begin{cases} x+1, & x < 0 \\ 1, & 0 \leqslant x < 1 \\ x^3, & 1 \leqslant x \end{cases}$$

2. 计算上述分段函数的值，要求能够根据用户对 x 值的不同输入，程序给出相对应的结果。

3. 编写一个程序，能够接收用户从键盘输入的多个数值，只有当接收到输入的数值为 -1
时方可结束输入过程，然后求解并输出前面输入的所有数值之和以及它们的平均值。

4. 编程求 $\arcsin x \approx x + \dfrac{x^3}{2 \cdot 3} + \dfrac{1 \cdot 3 \cdot x^5}{2 \cdot 4 \cdot 5} + \cdots + \dfrac{(2n)!}{2^{2n}(n!)^2} \dfrac{x^{2n+1}}{(2n+1)} + \cdots$，其中 $|x| < 1$。

提示：结束条件可用 $|u| < e$，其中 u 为通项公式，e 为满足所求精度的极小值。

5. 求解鸡兔同笼问题：鸡和兔子关在一个笼子里，已知共有头 36 个，脚 100 个，求笼内关了多少只兔子和多少只鸡？

6. 编写一个程序，能够从一个包含 10 个整数(数值可重复)的数组中找出所有出现过的整数，按升序排列并输出。另外在输出时，如果遇到某个数值出现多次，则只输出一次该数值。例如，当数组为[3,9,9,10,1,5,9,3,7,3]时，程序可输出[1,3,7,9,10]。

7. 求 2～999 中同时满足下列条件的自然数：

(1) 该数各位数字之和为奇数；

(2) 该数是素数。

第 6 章

函数与文件

介绍 MATLAB 的一些比较深入的程序设计方法：函数文件，基于文件的数据处理和一些较为复杂的数据类型。

掌握 MATLAB 的函数编写和调用方法，能够利用外部文件进行数据的输入输出，了解结构、元胞和表等复杂数据类型的基本概念，学会分析和优化程序代码性能的方法。

6.1　M 函数文件

函数文件是一种 M 文件格式，专门用来定义函数。采用函数可实现计算中的参数传递，能够简化程序模块的结构，使之更便于阅读和调试。与上一章所学过的命令文件相比较，虽然两者都可实现程序段的复用，但函数文件在这方面的功能要显得更灵活和方便些。

函数文件在 MATLAB 中的应用十分广泛，基本上系统所提供的绝大多数标准库函数都是由函数文件实现的。同时，用户也可以根据需要编写自己的函数文件，并像系统本身提供的库函数一样使用，这就大大的扩展了 MATLAB 的计算能力。如果用户针对某一类特殊问题创建了一批 M 函数文件，则甚至可形成适合自己领域需要的新工具箱。

函数文件通过参数传递完成数据交换，它本身执行后，只传递回来最终结果，而不保留中间过程。函数文件内部所使用过的变量也仅在本文件内部有效，不会影响其他程序文件。

6.1.1　函数文件的基本结构

函数文件的第一行必须包含关键字"function"，表示该 M 文件是函数文件。其基本格式如下：

function[输出形参表]＝函数名(输入形参表)
　　注释说明语句段
　　程序语句段

　　　　　　　end

下面分别说明各部分含义：

（1）输出形参表：用方括号括起来的输出形参表是函数经过运算后所得到的结果变量列表。如果输出形参变量数目有 2 个或 2 个以上，参数与参数之间要用逗号来分隔。如果返回的输出形参变量数只有 1 个，可以省去格式中的方括号。

（2）函数名：是要定义的函数名字，一般由字母、数字和下划线组成，其命名规则和变量名的命名规则相同。和 M 命令文件不同的一点是，在命名 M 函数文件的文件名时，一般要采取和该文件内所包含的函数名相同的名字，即命名为：函数名.m。另外要注意的一点是，在为函数起名时，不要与调用这个函数的程序中已经存在的变量名重名，否则在执行过程中可能会出现意外的情况。

（3）输入形参表：是函数的输入参数列表，列表中参数与参数之间用逗号来分隔。输入形参表是函数从外界接受数据的接口。

（4）注释说明语句段：由一行或多行以注释符号"%"引导的注释语句组成，它没有实际执行功能，仅仅是对本段函数所做的一个简要描述，包括函数功能、输入输出参数的含义和调用方法说明、函数文件编写和修改信息等。虽然注释说明语句段在程序实际执行中并没有什么作用，但还是建议读者养成一个良好的注释习惯，方便自己和其他用户调用编写的函数。建议读者养成一个良好的注释习惯，方便自己和其他用户调用编写的函数。

（5）程序语句段：它真正实现了函数的功能，其编程方法和一般程序没有区别。函数的程序流程一般是要执行到函数结束处，但如果在文件中插入了 return 语句，则可提前结束该函数的执行。

（6）end：表示函数结束，除了在某些特殊情况，如使用嵌套函数（即函数内部又定义了一个函数）时必须使用该语句外，在一般情况下都可以省略。不过还是建议用户加上该语句，使程序结构更加清晰。

例 6 - 1　编写一个求 $n!$ 的阶乘函数。

分析：阶乘 $n!$ 的数学定义为

$$n! = n \times (n-1) \times (n-2) \times \cdots \times 2 \times 1$$

且规定 $0! = 1$。

解：MATLAB 程序如下。

```
function p=fac(n)
  % fac 函数用于计算 n 的阶乘
  % 对应于参数 n 的实参应该是非负整数
  if n==0
      p=1;
  else
      p=1;
      i=1;
      while i<=n
          p=p*i;
          i=i+1;
```

```
        end
    end
```

操作步骤：

打开 MATLAB 文本编辑器，在编辑窗口中输入上述程序并保存为"fac.m"。注意这里为该文件所起的文件名和函数名相同。

6.1.2　函数的调用

编写好函数文件后，就可以调用该函数来进行计算了，其方法与调用系统标准函数库文件没有本质区别，即函数调用的格式为：

[输出实参列表]＝函数名（输入实参表）

要注意的是，在函数调用时会将输入实参依次传递给函数的形参，实现"虚实结合"。因此，输入实参表和函数定义的形参表中各个参数出现的次序必须完全一致，否则会出错。如果所调用的函数本身没有任何输入参数，就可以直接使用函数名就可以实现函数调用。例如调用系统函数 clc 来清除命令窗口内容，就只需在命令窗口中输入"clc"即可。

上面编写的阶乘函数可以直接在 MATLAB 命令窗口调用，方法是：

```
>> fac(7)          % 调用函数进行计算
ans＝
    5040
```

当然，对于已编好的阶乘函数，也可以像系统提供的标准库函数一样，在其他计算文件中调用，如例 6-2 所示。

例 6-2　求 1！＋2！＋3！＋…＋7！ 的值。

解：MATLAB 程序如下。

```
clear
sum＝0;
for i＝1:7
    sum＝sum＋fac(i);
end
sum
```

操作步骤：

打开 MATLAB 文本编辑器，在编辑窗口中输入上述程序并保存为"M0602.m"。回到 MATLAB 命令窗口，在提示符">>"后键入程序文件名"M0602"，即可得到运行结果。

```
sum＝
    5913
```

MATLAB 支持函数的嵌套调用，也就是在一个函数中，可以调用别的函数，甚至可以调用函数自身，即如果在定义一个函数时，在其函数体内直接或间接调用了该函数本身，则称为该函数为递归函数。

在数学中，有很多问题都可以用递归的方法进行定义。对于这类问题，使用递归函数编写程序方便简洁，可读性好。编写递归函数时，只要知道递归定义的公式，再加上递归终止的条件就能容易地编写出相应的递归函数。

例 6-3　采用递归算法求 $n!$

分析：由阶乘的概念可以写出其递归定义：

$$0! = 1$$
$$n! = n \times (n-1)!$$

解：MATLAB 程序如下。

```
function p=myfactorial(n)
  % myfactorial 函数用于计算 n 的阶乘
  % 对应于参数 n 的实参应是非负整数
  if n==0
     p=1;
  else
     p=n*myfactorial(n-1);
  end
end
```

操作步骤：

打开 MATLAB 文本编辑器，在编辑窗口中输入上述程序并保存为"myfactorial.m"。回到 MATLAB 命令窗口，对该函数进行调用。

运行结果：

```
>> myfactorial(7)
ans=
   5040
```

6.1.3　函数的参数传递

函数的一个重要特点就是参数传递，这也是它与不具备参数传递功能的 M 命令文件的主要区别之一。前面提到过，在参数传递时，要保证"虚实结合"时对应参数的一一对应。但在实际应用中，有时难免会出现传递的参数个数不确定，导致对应的处理也有所区别的现象。

和其他程序设计语言相比，MATLAB 在函数调用上有一个与众不同之处：函数所传递参数的数目是可调的，即传递的参数个数可以任意。在 MATLAB 中提供了两个函数：nargin 和 nargout，借助它们，能够准确地知道该函数文件被调用时的输入输出数目，从而确定函数如何进行处理。

nargin 用于控制被调用时的输入参数的个数，nargout 用于检查函数被调用时输出参数的个数。值得注意的是，这两个函数本身都存在没有任何输入参数的形式，直接使用函数名即可实现函数调用。

例 6-4　编写一个可调参数的函数文件，当输入参数为一个时，求其倍数；如果有两个输入参数，求其和。

解：MATLAB 程序如下。

```
function c=testarg(a,b)
  % testarg 函数用于验证可调参数 nargin 的用法
  % 当输入参数为一个时，求其倍数；如果有两个输入参数，求其和
```

```
if nargin==1          % 直接使用函数名 nargin 实现函数调用,得到参数个数
    c=a+a;            % 如果只有一个输入变量,则求其倍数
elseif nargin==2
    c=a+b;            % 如果有两个输入变量,求和
end
end
```

操作步骤：

打开 MATLAB 文本编辑器,在编辑窗口中输入上述程序并保存为"testarg. m"。回到 MATLAB 命令窗口,对该函数进行调用。

运行结果：

```
>> testarg(4)
ans=
    8
>> testarg1(3,7)
ans=
    10
```

6.1.4　变量作用域

每个变量都有一定的有效作用范围,称之为变量的作用域。变量只能在其作用域中可见,或者说在该区域内是可以使用的,而在作用域以外是不能访问的,即无法有效地使用。

根据作用域的不同,可以将 MATLAB 程序中的变量分为局部变量和全局变量。局部变量是在某一函数中说明的变量,它只能在本函数的范围内使用。而全局变量的说明放在所有函数之外,在整个工作空间定义和使用。

在默认情况下,M 函数文件中定义及使用的变量都是局部变量,只在本函数的工作区内有效,一旦退出该函数,即为无效变量。因此,这些变量是不能直接被另一个函数文件调用的。与之不同的是,在 M 命令文件中定义或使用的变量都是全局变量,在退出命令文件后仍为有效变量。

通常,在使用 M 函数文件进行编程时,人们大多使用输入输出参数表在函数之间传递数据,这样做的好处是数据流向清晰自然,易于控制,数据也较为安全。但有时会遇到这种情况,某个数据为许多函数所共用,为了简化函数的参数表,可以将其说明为全局变量。

定义全局变量要用到 global 关键字,其语句格式为

　　　global 全局变量表

一旦将某一变量定义为全局变量,其作用域将扩展至整个 MATLAB 工作空间。所有的函数都可以对它进行存取和修改。

全局变量可以为所有的函数所共用,能够在各个函数之间建立一条简单方便的数据传输通道,因此颇受一些初学者喜爱。但实际上,滥用全局变量会破坏函数对变量的封装性,使程序难以理解和调试,因此建议要尽量少用或不用全局变量。

6.1.5　匿名函数

对于有些比较简单的应用来说,例如某个数学表达式,为其专门编写一个函数文件可能就显得有些小题大作。这时候就可以使用一种称之为匿名函数的轻量级解决方案,其方法是定义一个变量来指向一个表达式,而不像一般函数那样指向函数文件中的函数名。其基本格式是:

　　　　变量名＝@(输入形参列表)表达式;

其中变量名是调用匿名函数时使用的名字。输入形参列表是匿名函数的输入参数,可以只有一个,也可以是多个,用逗号分隔开。表达式则是作为函数体的表达式。

匿名函数的定义和调用非常简单,例如定义一个求立方的匿名函数并调用:

```
>> cube＝@(x) x.^3;
>> cube(3)
ans＝
      27
```

又例如定义一个求直角三角形斜边长的匿名函数并调用:

```
>> pythagorean＝@(x,y) sqrt(x.^2＋y.^2);
>> pythagorean(3,4)
ans＝
      5
```

6.2　基于文件的数据处理

文件是指存储在某种介质(如计算机硬盘、光盘等)上的一段数据的集合。文件的存在,不仅使数据能够长期保存,也方便了数据传输和使用。通过文件进行数据操作,能够有效地提高工作效率,极大的拓展工作范围,因此,在工程与科研实践中这种技术被普遍应用。

从存储编码方式来说,文件可分为文本文件和二进制文件两类。文本文件一般以 txt、csv、bat 等为扩展名,其内容由字符和与这些字符显示格式相关的空格符、回车符等控制符构成。文本文件的一个优点是能与遵循一定字符代码标准的不同操作系统和应用软件之间通用。二进制文件是非文本文件,其扩展名有 com、exe、jpg、mp3 等多种形式,其内部格式也各不相同。因此,每种二进制文件可能都需要有与之配套的软件才能对其进行操作。

MATLAB 提供了大量文件操作函数,其中甚至包括很多低级文件 I/O 函数,可以说它基本上支持任何格式的文件的读写。

限于篇幅,本节主要介绍对工程实践中最常用的 csv 文件和 Microsoft Excel 文件进行读写操作的方法。

6.2.1　CSV 文件

CSV(comma-separated values,逗号分隔值)文件是一种将表格数据以纯文本格式存储的文件。在这种文件中,每一行可能包括多个数据,这些数据之间一般用逗号隔开(这也是 CSV 文件被称之为逗号分隔值文件的由来)。由此可见,CSV 文件格式非常简单,因此它常常被用来作为各种程序之间进行数据交换的通用格式。例如,如果想将某个数据库中的数据取出并导入到 Excel 中进行处理,由于数据库中的数据一般都是以某种特定格式存储的,Excel 无法直接使用。这时可以从数据库中将数据以 CSV 格式导出,然后用 Excel 导入工具将这个由数据库导出的 CSV 文件打开并操作。同样地,用户也可以在不了解数据库存储格式的情况下,直接用 MATLAB 对这种 CSV 文件中的数据进行操作。

要从 CSV 文件中读取数据到 MATLAB 中,可以使用 csvread 函数。其基本形式是

```
M＝csvread(filename)
```

其中 filename 是要读取的 CSV 文件的名称。这条命令的作用就是将 filename 文件中的数据读入数组 M 中。除此以外,也可以用以下形式:

```
M＝csvread(filename,row,col)
```

从 filename 文件中开始处偏移 row 行 col 列进行输入。因此,csvread(filename,0,0)相当于 csvread(filename)。另外,如果 csv 文件存在一行表头而程序不想读入该行的话,采用 csvread(filename,1,0)就可以略过表头而直接读取后面的数据。

另一方面,将 MATLAB 中的某个矩阵 M 的数据输出到某一个文本文件的函数是

```
csvwrite(filename,M)
```

注意,这里 filename 是待写入的数据文件名,一般用字符向量或字符串来表示,如'test.csv'。

同样地,如果想将矩阵 M 从开始处偏移 row 行 col 列进行输出,其函数形式是

```
csvwrite(filename,M,row,col)
```

如果 row 和 col 都等于 0,以上语句相当于 csvwrite(filename,M)。

例 6-5　设计一个九九乘法表并将其输出到一个 CSV 文件中。

解: MATLAB 程序如下。

```
clear;
for i＝1:9
    for j＝1:9
        m(i,j)＝i*j;
    end
end
csvwrite('times99.csv',m)
```

操作步骤:

打开 MATLAB 文本编辑器,在编辑窗口中输入上述程序并保存为"M0605.m"。点击运行按钮或直接使用 F4 快捷键,程序运行后即可发现在程序所在目录中出现了一个新的文本文件"times99.csv"。用 Windows 系统自带的记事本(Notepad)或 Excel 都可打开这个文件,结果如图 6-1 所示。

例 6-6　从例 6-5 中生成的文件"times99.csv"中读取除了第一行第一列以外的所有数据,并将结果输出到屏幕。

解: MATLAB 程序如下。

```
>> n＝csvread('times99.csv',1,1)
```

输出结果为

```
n＝
```

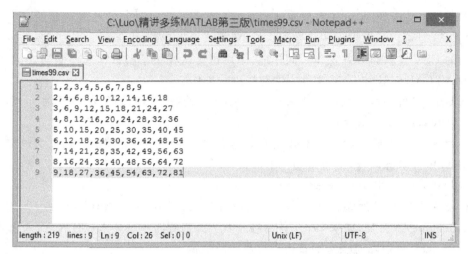

图 6 - 1　使用记事本程序打开的 times99.csv 文件

4	6	8	10	12	14	16	18
6	9	12	15	18	21	24	27
8	12	16	20	24	28	32	36
10	15	20	25	30	35	40	45
12	18	24	30	36	42	48	54
14	21	28	35	42	49	56	63
16	24	32	40	48	56	64	72
18	27	36	45	54	63	72	81

6.2.2　Excel 文件

　　Microsoft 的 Excel 是当前最流行的计算机数据处理软件。通过操作简单但功能强大的 Excel 系统,用户可以很方便地对电子表单中的数据进行各类运算和图表分析。

　　一般而言,每个 Excel 文件由一张或多张工作表组成,而每张工作表又由大量单元格组成,用户通过单元格对数据进行输入、编辑和计算分析。每个单元格是由其所在行号和列号标识的,其中行以数字 1、2、3…命名,列以字母 A、B、C…命名,如 A1 就是指表中的第一行第一列的那个单元格。因此,要对 Excel 文件进行操作,不仅要指明是对哪个文件进行操作,还需要指明数据所在的工作表以及单元格名称。

　　使用 xlsread 函数可以从 Excel 文件中读取数据到 MATLAB 程序中,其调用方式为

　　　　M＝xlsread(filename,sheet,range)

其中 filename 是要读取的 Excel 文件的名称,sheet 是文件中数据所在的工作表名称,range 是表中要读取的单元格范围。如 xlsread('myExample.xlsx','Sheet1','B2:D5')就读取了 myExample.xlsx 文件内名叫 Sheet1 的工作表中单元格 B2 到单元格 D5 所包围的共 12 个单元格中的数据。

　　如果在调用这个函数时省略工作表名 sheet,系统将默认读取 Excel 文件中第一个工作表中的数据。

　　xlswrite 函数可以将 MATLAB 中的某个矩阵 M 的数据输出到一个 Excel 文件中。其调

用方式是

```
xlswrite(filename,M,sheet,range)
```

其中 filename 是输出的 Excel 文件名称,M 是存储数据的 MATLAB 矩阵,sheet 是 Excel 文件中工作表名称,range 是表中单元格范围。同样地,如果不指定工作表 sheet 的名称,系统默认会将数据 M 写入文件的第一个工作表中。如果不指定单元格范围 range,数据会从表中第一个单元格 A1 开始写入。

例 6 - 7 实现例 6 - 5 和例 6 - 6 的所有功能,唯一不同的是针对 Excel 文件进行输入输出。

解:MATLAB 程序如下。

```
clear;
for i=1:9
    for j=1:9
        m(i,j)=i*j;
    end
end
xlswrite('multiplication99.xlsx',m)
n=xlsread('multiplication99.xlsx','Sheet1','B2:I9')
```

操作步骤:

打开 MATLAB 文本编辑器,在编辑窗口中输入上述程序并保存为"M0607.m"。点击运行按钮或直接使用 F4 快捷键,程序运行后即可发现在程序所在目录中出现了一个新的 Excel 文件"multiplication99.xlsx"。用 Excel 软件可打开这个文件,结果如图 6 - 2 所示。

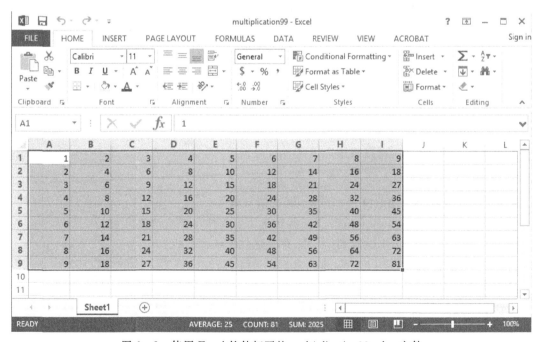

图 6 - 2 使用 Excel 软件打开的 multiplication99.xlsx 文件

同时,程序也在 MATLAB 中显示了从"multiplication99. xlsx"文件中读取的除了第一行第一列以外的所有数据。

n＝

4	6	8	10	12	14	16	18
6	9	12	15	18	21	24	27
8	12	16	20	24	28	32	36
10	15	20	25	30	35	40	45
12	18	24	30	36	42	48	54
14	21	28	35	42	49	56	63
16	24	32	40	48	56	64	72
18	27	36	45	54	63	72	81

自学内容

6.3　结构数组

MATLAB 提供了大量的数据类型,可以帮助用户完成不同要求的任务。这些数据类型不仅有前面学过的矩阵、数组、数值量、字符等,还有能够将不同类型的数据组合在同一个容器中的结构数组、元胞数组、表等复合类型,下面两节就分别介绍这些较为复杂的数据类型。

6.3.1　结构数组的定义

在设计数据处理方面的应用程序时,常会发现要处理的数据结构相当复杂。以学生档案管理为例,每个学生档案里可能有姓名、身高、考试成绩等项目,考试成绩中又有英语、数学、体育等各科成绩。对于这一类问题就可以采用结构数组,它可以把多个不同的数据类型组合在一起。

对于一个结构数组而言,它由三部分组成:结构数组名、成员属性名以及对应的属性值。相应地,结构数组的定义和初始化赋值就涉及这三个方面内容。

要定义一个结构数组,可以采用以下两种方法。

1. 使用 struct 函数

struct 函数可以容易地建立结构数组,调用格式如下:

结构数组名＝struct (´属性 1´,´属性值 1´,´属性 2´,´属性值 2´,…)

例如,下面是由一个学生的姓名、学号、身高建立的结构数组:

＞＞ student＝struct (´name´,´Zhang San´,´id´,123456789,´height´,1.75)

student＝

　struct with fields:

　　name:Zhang San

　　　id:123456789

　　height:1.7500

该结构数组只包含一个元素,系统会将该元素所有属性及其属性值都显示出来。

只包含一个元素的结构数组在实际应用中意义不大,利用矩阵可以一次为结构数组初始化多个元素。例如:

```
>>a=｛´Zhang San´ ´Li Si´｝
>>b=[123456789 987654321]
>>c=[1.75 1.68]
>>student=struct(´name´,a,´id´,b,´height´,c)
student=struct(´name´,a,´id´,b,´height´,c)
student=
    1×2 struct array with fields:
      name
      id
      height
```

现在结构数组 student 的维数为 1×2。当结构数组的元素超过 1 个时,系统就不再显示各个属性的具体数值,而只显示数组名、属性名和维数大小。如果想知道某个元素的属性值,可以利用下标来操作。

```
>> student(1)
ans=
  struct with fields:
    name:´Zhang San´
      id:[123456789 987654321]
    height:[1.7500 1.6800]
>> student(2)
ans=
  struct with fields:
    name:´Li Si´
      id:[123456789 987654321]
  height:[1.7500 1.6800]
```

2. 使用赋值语句

用赋值语句定义结构时,只要给结构的各个属性赋值,系统就会自动把该属性增加到结构中。赋值时,结构名和成员属性名用小数点分开。

例如,下面三条语句将定义一个 1×1 的结构数组,结构数组变量为 teacher,它有三个属性:name、gender、age。

```
>> teacher.name=´Wang Wu´;
>> teacher.gender=´Male´;
>> teacher.age=45
teacher=
  struct with fields:
    name:´Wang Wu´
```

```
gender:'Male'
    age:45
```

也可再键入以下三行来给该结构数组增加一个新的元素。

```
>> teachert(2).name='Zhao Liu';
>> teacher (2).gender='Female';
>> teacher (2).age=37
teacher=
    1×2 struct array with fields:
        name
        gender
        age
```

6.3.2　结构数组的使用

结构数组一旦形成,就可用相关的命令取出数组中的某个元素并修改该元素的某个属性的值。以上面建立的 teacher 数组为例,命令 s=teacher(2).name 就取出第二个元素的 name 属性的值。如果要得到多个域的值,则可采用循环。例如:

```
for i=1:length(teacher)
    x(i)=teacher (i).age;
end
```

size 函数一般被用来求数组的维数,也可用来求结构数组中某个元素的某个属性值的维数。例如:

```
>> size(teacher)
ans=
        1     2
```

当给结构数组中某个元素添加新的属性时,数组中的所有元素都会添加上新属性。没有指定属性值的那些元素的属性值为空矩阵。同样,当删除某个元素的一个属性时,数组中所有元素的这个属性都会被删除。删除属性的命令为 rmfield,其调用格式为

```
    rmfield('数组名','属性')
>> rmfield(teacher,'age')
ans=
    1×2 struct array with fields:
        name
        gender
```

下面将通过个例子来说明结构体的建立、修改及使用方法。

例 6-8　建立学生档案结构体,并计算每个学生的总成绩。

- 学号(number):数值型。
- 姓名(name):字符型。
- 英语课成绩(English):数值型。
- 数学课成绩(Math):数值型。

· 体育课成绩(Physical)：数值型。

分析：按照题目要求，可以建立一个结构体，然后用 input 函数提示用户从键盘输入数值、字符串或表达式，并接受该输入。

解：MATLAB 程序如下。

```
n＝input('Please input n＝');
for i＝1:n
    stud(i).number＝input('PLease input number＝');
    stud(i).name＝input('Please input the name of student：');
    stud(i).english＝input('Please input English＝');
    stud(i).math＝input('Please input Math＝');
    stud(i).physical＝input('Please input Physical＝');
    stud(i).total＝stud(i).english＋stud(i).math＋stud(i).physical;
    stud(i).total
end
```

6.4　元胞数组

元胞的概念有些类似于结构数组。所不同的是，结构数组下的各个子项称为成员属性变量，而每个成员属性变量都有自己的名字。元胞变量的表示方法更类似于带有下标的矩阵(但这些下标不是用圆括号括起来，而是用大括号括起来)。不过，矩阵中的所有元素必须具有相同的数据类型，而元胞结构则没有此要求，用户可以把各种不同类型或大小的数据全部归并到一个元胞变量中。

图 6-3 是元胞数组的一个示例，示例中元胞数组的维数是 2×3，但每个单元的类型不尽相同，其中第一行第一列的元素为一个数值矩阵；第一行第二列的元素为字符矩阵；第二行第三列的元素比较特殊，它是另一个元胞数组。

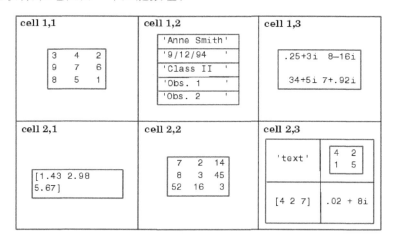

图 6-3　元胞单元结构示意图

生成元胞数组的方法有以下两种。

1. 使用赋值语句直接生成

当采用赋值语句直接生成元胞数组时,一次只能为数组中的一个元素赋值。随着元素的增多,MATLAB 会自动地扩充数组的维数和大小。

有两种方法可对元素赋值:一种方法采用数组元素的下标赋值。元胞数组元素的引用方法和其他数组无异,只是所赋的值要用大括号括起来。例如,下面的命令可以建立一个 2×2 的元胞数组。

```
>> A(1,1)={[1 2 3;4 5 6;7 8 9]};
>> A(1,2)={´Adam Aaron´};
>> A(2,1)={5+6i};
>> A(2,2)={0:pi/5:pi};
```

另一种方法则把元胞数组的元素用大括号括起来,而所赋的值采用其他数组的形式。例如下面的命令所生成的元胞数组 B 和上面所生成的元胞数组 A 在内容上完全一样。

```
>> B{1,1}=[1 2 3;4 5 6;7 8 9];
>> B{1,2}=´Adam Aaron´;
>> B{2,1}=5+6i;
>> B{2,2}=0:pi/5:pi;
```

在命令窗口中键入元胞数组变量名,系统将显示数组的简要信息,如:

```
>> A
A=
    2×2 cell array
        {3×3 double      }    {´Adam Aaron´}
        {[5.0000+6.0000i]}    {1×6 double}
```

也可用 celldisp 函数来显示元胞数组的每个元素的值。用 cellplot 函数画出元胞数组的每个元素的结构图。

```
>> celldisp(A)
A{1,1}=
    1    2    3
    4    5    6
    7    8    9
A{2,1}=
    5.0000+6.0000i
A{1,2}=
Adam Aaron
A{2,2}=
    0    0.6283    1.2566    1.8850    2.5133    3.1416
```

2. 使用 cell 函数

生成元胞数组的另一种方法是先用 cell 预定义数组,然后用赋值语句给每个元素赋值。例如命令 C=cell(3,4)将定义一个 3×4 的元胞数组,然后就可对数组的元素分别赋值了,如

C{1,3}＝[1:3]等。

6.5　表类型

表状数据是统计、数据挖掘和机器学习等学科领域中最常用的基本数据类型。近年来,随着数据科学的飞速发展和广泛应用,对表数据的处理需求日益提高。在早期版本中,MAT-LAB 系统却不支持这种数据类型,用户只能使用诸如元胞等数据类型来间接处理这类问题。与其他支持表类型的软件(如 R、SAS 等)相比,MATLAB 这种处理方式显然是非常不便的,这就极大地限制了 MATLAB 系统在数据科学领域的发展。

从 MATLAB R2013b (MATLAB 8.2)开始,系统引入了一种新的数据类型:表类型(table)。它类似于 R 语言中的数据框类型(dataframe),专门用来存储和操作表状数据。和元胞中各个元素可以不一致一样,表中的不同列也可以是不同类型的数据。同时,它比元胞结构在读取和索引内容方面要更加容易操作,例如它可以很简单地从 CSV 文本文件或电子表格文件中直接读取表状数据。

对应于表状数据的行和列(表头),表类型包括行数据和列变量两部分,因此,在创建表时要分别说明这两部分内容。如:

```
>> T=table({'Zhang San';'Li Si';'Wang Wu'},[18;20;19],'VariableNames',{'Name',
'Age'})
T=

    3×2 table

        Name          Age
        'Zhang San'   18
        'Li Si'       20
        'Wang Wu'     19
```

也可以先创建行数据,如:

```
>> T=table({'Zhang San';'Li Si';'Wang Wu'},[18;20;19])
T=

    3×2 table

        Var1          Var2
        'Zhang San'   18
        'Li Si'       20
        'Wang Wu'     19
```

可见在不明确说明的情况下,系统会给列变量赋予两个默认变量名 Var1 和 Var2。接下来,可以用如下语句将这两个变量名称更改为容易理解的名字:

```
>> T.Properties.VariableNames={'Name','Age'}
T=

    3×2 table

        Name          Age
        'Zhang San'   18
```

```
´Li Si´       20
´Wang Wu´     19
```

创建了表之后,就可以利用一些支持表操作的函数进行诸如统计汇总、表连接、排序等工作。关于这方面的具体内容,请参考 table 的在线帮助信息。

6.6　面向对象程序设计方法

面向对象程序设计方法(object oriented programming)是一种更高级的编程方法,它不仅继承和发展了传统程序设计方法,更充分考虑了现实世界与计算机解空间的关系。面向对象程序设计方法将客观事物看作是具有属性和方法的对象,通过抽象找出同一类对象的共同属性和行为,形成类。例如,学生张三、李四是一个个对象,而抽象出来的学生类就是一个类。通过类的继承与多态可以实现代码重用,能够大大缩短软件开发周期,并使得软件风格统一。

MATLAB 引进了类和对象的概念,而且它本身就提供了多个类:double 类、sparse 类、char 类、struct 类、cell 类以及 table 类等。同时用户可以通过指定对象数据存储的结构,并建立用于对象操作的 M 文件的路径,来创建和使用自己的类,进行面向对象程序设计。

从最近几个版本的更新情况来看,MATLAB 越来越注重面向对象程序设计,现在它已经发展成为一种很好的面向对象编程语言。面向对象理论中的抽象性、继承性、多态性等特点在MATLAB 系统中都有很好的实现。一般而言,对于大多数简单的任务,使用面向对象的程序设计方法可能会显得有些繁琐;但对于复杂一些的任务,面向对象所提供的封装、继承及其他功能可为软件重用提供很好的支持。

限于篇幅,本书对这部分内容仅做简单介绍,感兴趣的读者请自行查找相关参考书。

调试技术

6.7　程序代码性能分析及优化

对于同样的任务,不同的编程者往往会编写出不同的程序代码,这些代码可能都能够求解出正确的结果,但一个经验丰富的编程者写出的程序代码的执行效率可能要比一般初学者编写的高很多。虽然对于小规模的任务而言,高效的代码和臃肿的代码在现代高级计算机上运行速度并没有明显的差别。但对于大规模的运算而言,其差别可能会是很多个数量级的。因此,编程者要努力学习编写高质量的程序代码,而提升自己编程水平的一个最有效方法就是通过大量的练习,不断尝试找出影响程序执行性能的瓶颈并加以改进。

6.7.1　程序代码性能分析

要找到影响程序效率的瓶颈,最原始的方法是采用人工估计的方式,通过猜测程序中最耗时的部分,对其进行修改优化,但这种方法容易做出错误的判断。

为此,MATLAB 专门提供了一些工具来评估代码性能,其中最直观的当属程序评述器,它可以记录程序中每一步的运行时间,能够得出非常准确的结果。

　　程序评述器一次可以分析一个程序文件的性能。当文件运行时,程序评述器将以 0.01 秒为单位,记录下每行的执行时间,时间的记录采用累计方式。

　　程序评述器是通过 profile 命令来实现的,其调用方式是在命令窗口内键入

　　　　profile viewer

或者

　　　　profile report

然后在弹出的新窗口的工具栏上的“Run this code:”后面的复选框中输入想进行评述的程序文件名,例如“factorial(1000)”,接着单击“Start Profiling”按钮。系统运行后就可以生成一张分析报表,如图 6-4 所示。

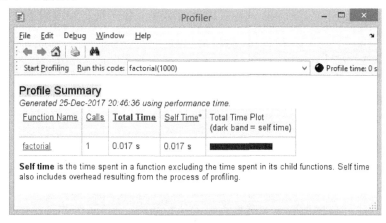

图 6-4　文件评述报告

　　另外,也可以通过在待评测程序段首尾添加 tic 函数(启动计时)和 toc 函数(停止计时)来得到程序运行时间,从而找到需要重点优化的语句部分。

6.7.2　程序性能优化

　　对程序进行优化可以提高程序运行效率,其基本方法是尽量用最简单的代码来编写程序,并用程序评述器或 tic 和 toc 函数来查找运行速度的瓶颈,重点可以放在耗时最长或被调用次数最多的程序段,通过尝试对其进行优化,然后再用程序评述器或 tic 和 toc 函数来检查优化结果。如此多次反复,就可逐步解决各个瓶颈。一般而言,当程序运行的时间基本上都花在调用 MATLAB 的内部函数上时,代码优化的目的就达到了。

　　在编程过程中,要想提高 MATLAB 程序性能,有以下几方面值得注意。

1. 尽量避免使用循环

　　MATLAB 系统本身是擅长做矩阵操作的,但是它的一个缺点是当对矩阵中的单个元素作循环时,其运算速度会很慢。因此,在编程时,如果把循环向量化,不但能缩短程序的长度,更能提高程序的执行效率。由于 MATLAB 的基本数据为矩阵和向量,所以编程时,应该注意尽量对向量和矩阵整体进行编程,而不要像在其他程序设计语言中那样只对矩阵的元素编程。

　　例如,要将某个 5000 行 7000 列的矩阵 A 中所有大于 100 的数组元素都重置为 1,而将小于等于 100 的数组元素都重置为 0。一种比较直观的方法是用一个嵌套的循环结构来遍历每一个数组元素,对其进行条件判断并重新赋值。如下所示:

```
for i=1:5000
    for j=1:7000
        if A(i,j)>100
            A(i,j)=1;
        else
            A(i,j)=0;
        end
    end
end
```

而实际上,如果使用 MATLAB 自身所提供的对矩阵整体进行编程的方法,使用以下两条语句:

```
A(A<=100)=0;
A(A>100)=1;
```

可以很容易地完成同样功能。显而易见,后一种操作不仅简洁明了,而且在执行速度上要比前一种方法快得多。

2. 为大型数组预定维数

为数组预定维数可以提高程序的执行效率。由于在 MATLAB 里,变量使用之前不用定义和指定维数,如果未预定义数组,每当新赋值的元素的下标超出向量的维数时,MATLAB 就为该数组扩维一次,这样做会大大降低程序的执行效率。另外,为数组的预定维还可以提高内存的使用效率,相反,如果不使用预定维,对数组的多次扩维会增加内存的碎片。

3. 其他编程技巧

其他可以提高程序性能的措施还有:去掉不必要的计算,采用省时的算法,避免重复计算,不要将无关的运算放在循环内部,尽量不用全局变量等。用户可以通过多实践摸索,逐渐掌握这些方法。

应用举例

例 6 - 9　给定两个实数 a、b,编写程序计算
$$(a+b)^k \text{ 和 } (a-b)^k,\text{其中 } k = 1,2,\cdots,n$$

解法一

分析:按照题目要求,程序需要能够计算出从 1 到 n 的所有的两类表达式结果。因此,如果能够将表达式编写成为函数,程序结构就会比较简洁清晰。同时,由于需要同时计算两个表达式的结果,这个函数应该有两个返回值,所以,函数的输出形参变量数目要有两个。

解:(1) 编写函数文件 mypower.m

```
function[x,y]=mypower(a,b,k)
% mypower 函数用于计算(a+b)^k 和(a-b)^k
x=(a+b).^k;
y=(a-b).^k;
```

```
        end
```

（2）编写调用 mypower 函数的命令脚本文件

```
    a1＝input(´Please input a＝´);
    b1＝input(´Please input b＝´);
    n1＝input(´Please input n＝´);
    k1＝1:n1
    x1＝mypower(a1,b1,k1)
    y1＝mypower(a1,b1,k1)
```

操作步骤：打开 MATLAB 文本编辑器，首先新建一个函数文件（注意，系统生成的函数文件模板的当前默认值就包含了两个输出形参变量表），在编辑窗口中输入编写 mypower 函数程序并保存为"mypower. m"。接着再创建脚本文件 test1. m。回到 MATLAB 命令窗口，使用脚本文件 test1 对函数文件 mypower 进行调用。

```
>> test1
Please input a＝3
Please input b＝2
Please input n＝10
k1＝
    1     2     3     4     5     6     7     8     9    10
x1＝
    5    25   125   625  3125 15625 78125  390625 1953125 9765625
y1＝
    1     1     1     1     1     1     1     1     1     1
```

解法二

分析：对于题目所要求的数学表达式而言，最简单的求解方法莫过于使用匿名函数。

解：MATLAB 程序如下。

```
    clear
    x＝@(a,b,k)(a＋b).^k;      % 为表达式一定义匿名函数
    y＝@(a,b,k)(a－b).^k;      % 为表达式二定义匿名函数
    a1＝input(´Please input a＝´);
    b1＝input(´Please input b＝´);
    n1＝input(´Please input n＝´);
    k1＝1:n1
    x1＝x(a1,b1,k1)
    y1＝y(a1,b1,k1)
```

操作步骤：

使用 MATLAB 文本编辑器创建并输入上述程序至命令脚本文件 test2. m。回到 MATLAB 命令窗口，执行脚本文件 test2。

```
>> test2
```

```
Please input a＝3
Please input b＝2
Please input n＝10
k1＝
     1     2     3     4     5     6     7     8     9     10
x1＝
     5    25   125   625  3125  15625  78125  390625  1953125  9765625
y1＝
     1     1     1     1     1     1     1     1     1     1
```

例 6 - 10　编写一个函数,可以将用秒表示的时间值转换为"小时:分钟:秒"形式。如 3750 秒就可转换为 1:2:30,即 1 小时 2 分 30 秒。

分析:从题意要求来看,本函数只需要一个输入形参,用来传递待转换的秒数值;但它需要有 3 个输出值,分别是转换后的小时数、分钟数和秒数。转换的算法很简单:已知 1 小时有 3600 秒,一分钟有 60 秒,因此首先将秒除以 3600 所得的整数部分即为所需的小时数,而余数部位再除以 60 所得的整数部分即为所需的分钟数,余数部位再对 60 求余即可得到所需的秒数。

解:MATLAB 程序如下。

```
function[hour,minute,second]＝second2hms(secondValue)
% 将以秒表示的时间值转换为"小时:分钟:秒"形式
hour＝floor(secondValue/3600);
minute＝floor(rem(secondValue,3600)/60);
second＝rem(rem(secondValue,3600),60);
end
```

操作步骤:

打开 MATLAB 文本编辑器窗口,输入上述程序并保存为"second2hms. m"。回到 MAT-LAB 命令窗口,输入如下语句,即可得到运行结果。

```
>> seconds＝54321;
>>[hh,mm,ss]＝second2hms(seconds);
>> x＝[num2str(seconds),'seconds is',num2str(hh),':',num2str(mm),':',num2str(ss)];
>> disp(x)
54321 seconds is 15:5:21
```

例 6 - 11　灾害损失数据分析。美国是世界上龙卷风灾害最多的国家,每年龙卷风都会对这个国家造成大量经济损失。表 6 - 1 列举了从 1961 年至 2010 年间全美历年财产损失金额(单位是百万美元),请编程分析这些数据并将结果记录在一个 Excel 文件里。

分析:由于数据中涉及了 50 年龙卷风所造成的经济损失,对于这种长期经济数据来说,如果直接对比历年损失的原始数据可能会对结果产生很大的误判,这是因为通货膨胀等因素会掩盖数据中的规律。一个简单的方法是使用如表 6 - 2 所示的居民消费价格指数(CPI:consumer price index)将所有数据都转换为 2010 年货币价值后再做分析。

表 6 - 1 美国历年龙卷风所造成的经济损失表(1961—2010 年)

年份	损失	年份	损失	年份	损失	年份	损失	年份	损失
1961	120	1971	170	1981	754	1991	820	2001	910
1962	61	1972	157	1982	1163	1992	1198	2002	797
1963	83	1973	695	1983	677	1993	514	2003	1253
1964	146	1974	1791	1984	1235	1994	864	2004	508
1965	1090	1975	621	1985	814	1995	728	2005	892
1966	408	1976	257	1986	691	1996	548	2006	745
1967	447	1977	298	1987	309	1997	490	2007	1338
1968	200	1978	553	1988	839	1998	1539	2008	1815
1969	100	1979	980	1989	1243	1999	1976	2009	558
1970	512	1980	1661	1990	766	2000	403	2010	1827

表 6 - 2 美国居民消费价格指数 CPI 表(1961—2010 年)

年份	CPI	年份	CPI	年份	CPI	年份	CPI	年份	CPI
1961	7.29	1971	5.38	1981	2.4	1991	1.6	2001	1.23
1962	7.22	1972	5.22	1982	2.26	1992	1.55	2002	1.21
1963	7.12	1973	4.91	1983	2.19	1993	1.51	2003	1.18
1964	7.03	1974	4.42	1984	2.1	1994	1.47	2004	1.15
1965	6.92	1975	4.05	1985	2.03	1995	1.43	2005	1.12
1966	6.73	1976	3.83	1986	1.99	1996	1.39	2006	1.08
1967	6.53	1977	3.6	1987	1.92	1997	1.36	2007	1.05
1968	6.26	1978	3.34	1988	1.84	1998	1.34	2008	1.01
1969	5.94	1979	3	1989	1.76	1999	1.31	2009	1.02
1970	5.62	1980	2.65	1990	1.67	2000	1.27	2010	1

为简单起见,本例将表 6 - 1 和表 6 - 2 中的数据直接写入程序代码。而在实际工作中,这些数据一般是保存在外部文件中(如 csv 文件或 Excel 文件),对此,读者可自行尝试使用前面学过的文件输入方法读入这些数据。

解:MATLAB 程序如下。

```
Year=1961:2010;
rawLoss=[120,61,83,146,1090,408,447,200,100,512,170,157,695,1791,621,257,
        298,553,980,1661,754,1163,677,1235,814,691,309,839,1243,766,820,
        1198,514,864,728,548,490,1539,1976,403,910,797,1253,508,892,745,
        1338,1815,558,1827];
```

```
CPI=[7.29,7.22,7.12,7.03,6.92,6.73,6.53,6.26,5.94,5.62,5.38,5.22,4.91,4.42,
     4.05,3.83,3.6,3.34,3,2.65,2.4,2.26,2.19,2.1,2.03,1.99,1.92,1.84,1.76,
     1.67,1.6,1.55,1.51,1.47,1.43,1.39,1.36,1.34,1.31,1.27,1.23,1.21,1.18,
     1.15,1.12,1.08,1.05,1.01,1.02,1];
Loss2010=rawLoss.*CPI;
plot(Year,rawLoss,'*:',Year,Loss2010,'ro-');
title('Annual Loss from Tornado in US (1961-2010)');
xlabel('Year');
ylabel('Loss(millions $)');
legend('Annual Loss','Annual Loss with the dollar value of year 2010','Location',
'Northeast')
grid on;
fileName='Torn.xlsx';
sheetName='Loss';
xlswrite(fileName,{'Year','Original_Loss','CPI','Loss2010'},sheetName,'A1');
xlswrite(fileName,[Year,rawLoss',CPI',Loss2010'],sheetName,'A2')
sheetName='Statistic';
xlswrite(fileName,{'Data','Total','Average','Max','Min'},sheetName,'A1');
xlswrite(fileName,{'Original_Loss'},sheetName,'A2');
xlswrite(fileName,[sum(rawLoss),mean(rawLoss),max(rawLoss),min(rawLoss)],she-
etName,'B2')
xlswrite(fileName,{'Loss2010'},sheetName,'A3');
xlswrite(fileName,[sum(Loss2010),mean(Loss2010),max(Loss2010),min(Loss2010)],
sheetName,'B3')
```

操作步骤:

打开 MATLAB 文本编辑器窗口,输入上述程序并保存为"tornado. m"。点击"运行"按钮或直接使用 F4 快捷键,即可运行这个程序。程序首先绘制了一幅美国历年龙卷风损失曲线图(见图 6-5),显示了这种自然灾害所造成的两种经济损失(原始数据和考虑过通货膨胀因素后的数据)随时间的变化情况。

同时用户可发现在程序所在目录出现了一个新的 Excel 文件"Torn. xlsx"。用 Excel 软件打开这个文件(如图 6-6 所示)。可以发现它包含两张表,其中"Loss"表保存了程序运算当中所用到的历年经济损失数据(原始金额和考虑通货膨胀因素后的数据)及居民消费价格指数 CPI,"Statistic"表则保存了一些计算出来的统计汇总值:总额、平均值、最大最小值等。

由图 6-5 及图 6-6 可见,在数据分析过程中,考虑通货膨胀与否对龙卷风的风险评估会有很大的影响。实际上,CPI 仅仅是一种最简单的通货膨胀调整指数,感兴趣的读者可参考相关文献,采用其他更高级的方法对原始数据进行加工分析。

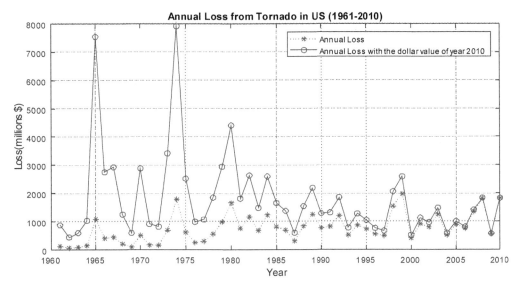

图 6 - 5 美国历年龙卷风损失统计图(1961—2010)

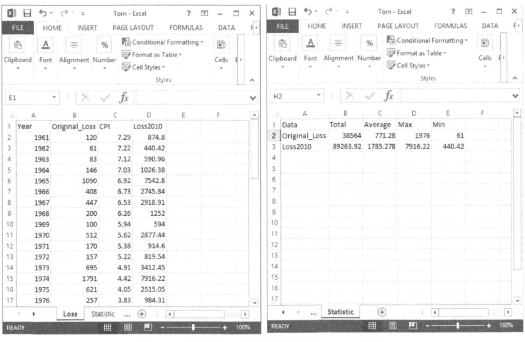

图 6 - 6 使用 Excel 软件打开的 Torn. xlsx 文件

上机练习题

1. 编写一个函数,输入参数是三角形的三个边长,输出参数是三角形的周长和面积。

提示:(1) 可使用海伦公式求三角形面积。(2) 函数应有能处理当输入三个边长无法构成有效三角形的异常情况

2. 编写一个判断任意输入的正整数是否为素数的函数文件。

3. 编写阶乘函数,并调用该函数来生成一个 1!,2!,…,10! 的阶乘表,如下所示:

1	1
2	2
3	6
4	24
5	120
6	720
7	5040
8	40320
9	362880
10	3628800

4. 编写一个求解指数函数 e^x 的函数文件

提示:指数函数的幂级数展开为:$e^x \approx 1 + \dfrac{x^1}{1!} + \dfrac{x^2}{2!} + \dfrac{x^3}{3!} + \cdots$

5. 计算当 $x = [0, 0.1, 0.2, \cdots, 1]$ 时 $f(x) = e^x$ 的值,并将结果写入到 CSV 文件中,然后再从这个文件中读入数据到 MATLAB 中并与原始数据进行比较。

6. 编写程序,从键盘上输入 10 个学生的学号、姓名、性别、年龄和班级,并将这些信息写入文件 student.csv 中保存。然后任意输入一个学生的学号或姓名,从文件中查找并显示该学生的所有信息。如果找不到,显示"无记录"。

7. 编写程序,首先编写一个摄氏温度到华氏温度的转换函数,然后调用这个函数生成一个摄氏温度和华氏温度的对照表,其中摄氏度的范围是从 −100℃ 到 100℃ 并以 1℃ 为步长,即 $[-100, -99, -98, \cdots, 99, 100]$。将这张表写入文件 temperature.csv 中保存。然后任意输入一个摄氏温度值,通过文件查表,找到对应的华氏温度值。如果给定的摄氏温度值不是整数,则按照四舍五入查表,例如输入 17.6℃ 将会查找 18℃ 所对应的华氏温度。当给定的摄氏温度超出温度范围时,即小于 −100℃ 或大于 100℃,则显示"输入温度过低"或"输入温度过高"。

提示:摄氏温度值和华氏温度值的转换公式为 $C = (F - 32) * 5/9$,其中 C 为摄氏温度值, F 为华氏温度值。

第 7 章

Simulink 仿真

介绍使用 Simulink 进行仿真的方法

了解 Simulink 基本模块的性质,掌握系统仿真的方法,会编写简单的仿真程序。

7.1 概述

计算机仿真是近几十年才发展起来的一门新兴技术学科。一般在实际系统上进行实验研究比较困难、或者无法实现时,计算机仿真就成为不可缺少的工具。仿真技术在科学研究、教育培训和工程实践等方面都发挥着重大作用,应用前景十分广阔。

计算机仿真技术的研究重点在于仿真环节,即在模型建立之后,设计适当的算法,并编制成计算机程序。由此,便产生了很多仿真算法和仿真软件,其中以 MATLAB 提供的动态仿真工具 Simulink 最为耀眼,它不仅具有强大的功能,而且使用方便。Simulink 的一个设计意图就是让用户在使用 Simulink 的同时能够感受到建模与仿真的乐趣。透过这个平台,可以激发用户不断地提出问题,对问题进行建模。

早期的 MATLAB 并没有系统仿真功能。直到 1990 年,MathWorks 公司才开始为 MATLAB 增加了用于建立系统框图和仿真的环境,并命名为 SIMULAB。该工具很快就在控制工程界流行起来,并使得仿真软件从此进入到模型化图形组态阶段。但因为该工具的名字 SIMULAB 与当时另一个比较著名的软件 SIMULA 很接近,为区别起见,1992 年 MathWorks 公司将其改名为 Simulink。从名字上看,它有两层含义,Simu(仿真)和 Link(连接),即把一系列模块连接起来,构成复杂的系统模型。正是由于这两大功能和特色,使得它逐渐成为仿真领域首选的计算机环境。现在,Simulink 不但支持连续与离散系统以及连续离散混合系统,也支持线性与非线性系统,还支持具有多种采样频率的系统,不同的系统能够以不同的采样频率进行组合,从而可以对较大较复杂的系统进行仿真。

Simulink 在学术界和工业界都得到了广泛的应用,可使用的领域包括航空航天、电子、力学、数学、通信、影视和控制等。为了丰富 Simulink 建模系统,MathWorks 公司还开发了许多有特殊功能的模块程序包,利用这些功能强大的程序包,使得用户能够非常方便地建立模型或者完成系统分析。

目前较为流行的版本有:与 MATLAB 5.3 配用的 Simulink 3.0、与 MATLAB 6.0 配用的 Simulink 4.0、与 MATLAB 7.0 配用的 Simulink 6.0、与 MATLAB 2009a(7.8)配用的 Simulink 7.3、与 MATLAB 2017b(9.3)配用的 Simulink 9.0。相较于前面的版本,Simulink 9.0 在系统性能和用户界面等方面做了进一步的改善。

7.2　Simulink 的使用

7.2.1　启动 Simulink

在 MATLAB 环境中,有两种方法可以启动 Simulink:

(1) 在工具栏上单击 Simulink 按钮。

(2) 在命令窗口里输入"Simulink",并按回车键。

启动后的 Simulink 界面如图 7-1 所示。

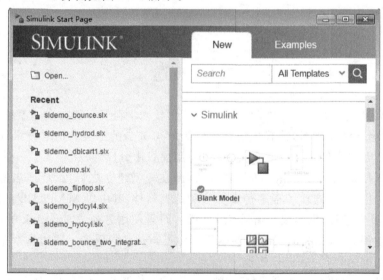

图 7-1　Simulink 启动窗口

7.2.2　建模与仿真

建模仿真的一般过程是:

(1) 新建一个模型窗口,并打开 Simulink 模块库浏览器(Simulink Library Browser);

(2) 为模型添加所需模块,就是从模块库中将所需的模块复制到编辑窗口里,并依照给定的框图修改编辑窗口中模块的参数;

(3) 连接相关模块,构成所需要的系统模型;

(4) 进行系统仿真;

（5）观察仿真结果，如果发现有不正确的地方，可以停止仿真并进行修正；如果对结果满意，可将模型保存。

例 7 - 1　设计一个简单的模型，其功能是将一正弦信号输出到示波器中。

解： 设计步骤如下。

（1）新建一个模型窗口。

在 Simulink 启动窗口，选择链接 New→Simulink→Blank Model，新建一个名为"untitled1"的空白模型设计窗口，如图 7 - 2 所示。

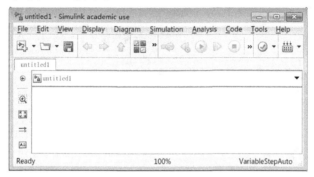

图 7 - 2　建立新的模型窗口

在空白模型窗口，选择菜单 View→Library Browser，或点击工具栏上的 图标，就会进入"Simulink Library Browser"浏览器窗口（如图 7 - 3 所示）。该窗口以树状列表的形式列出了当前 MATLAB 系统中已安装了的所有 Simulink 模块，这些模块包含 Simulink 模块库中的各种模块及其他 Toolbox（工具箱）和 Blockset（模块组件）中的模块。

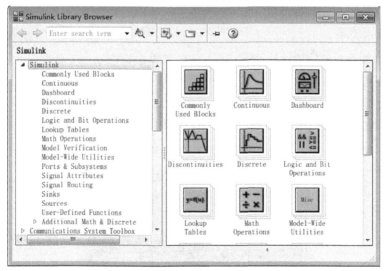

图 7 - 3　"Simulink Library Browser"浏览器窗口

（2）为模型添加所需模块。

单击模块浏览器中 Simulink 模块库前面的"＋"号，选择其中的子模块库"Source"，用鼠标把 Sine Wave（输出正弦信号）模块直接拖到模型设计窗口内，再选择子模块库"Sinks"，用鼠标把 Scope（示波器）模块拖到设计窗口内，如图 7 - 4 所示。

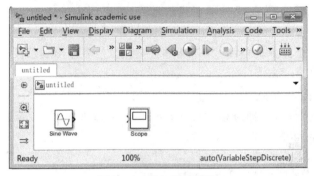

图 7-4　添加所需模块

（3）连接相关模块，构成所需要的系统模型。

拖动鼠标，用线把两个模块的端口连接起来，如图 7-5 所示。

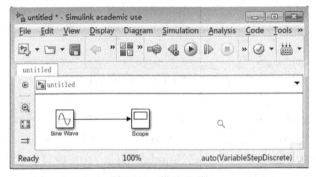

图 7-5　模块连接

（4）进行系统仿真。

通过单击工具栏上的 ⊙ 图标，或从 Simulink 菜单中运行 Start 命令来运行仿真。同时，在这一步骤里还可以设置仿真的时间、步长以及算法，本例中采用默认设置。

（5）观察仿真结果。

在系统仿真结束后，双击模型窗口中的示波器图标，即可见到仿真结果，如图 7-6 所示。

如果对显示的波形不满意，可以通过单击示波器工具栏上的 ▦ 图标来调整。

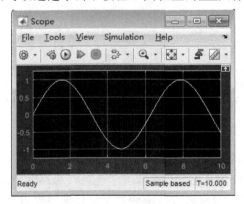

图 7-6　正弦信号

7.3　Simulink 的模块库

Simulink 的模块库中提供了大量的模块来帮助用户进行建模仿真。

通过单击模块浏览器中 Simulink 模块库前面的"＋"号,将看到 Simulink 模块库包含的子模块库,如为仿真提供常用元件的 Commonly Used Blocks 模块库、提供数学运算功能元件 Math Operations 模块库、提供各种信号源的 Sources 模块库、提供输出设备元件的 Sinks 模块库等,下面对其中几个主要的子模块库和相关模块进行介绍。

7.3.1　常用模块库(Commonly Used Blocks)

常用模块库是从其他模块库中抽取出的模块,一般都是用户在仿真中使用次数最多的模块。其中所包含的模块种类如图 7 - 7 所示。

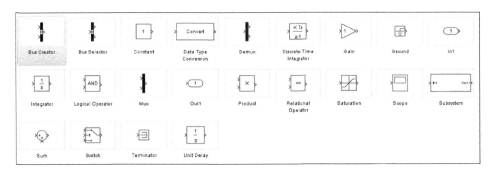

图 7 - 7　常用模块库

主要模块的功能如下:

(1) Terminator:终止没有连接的输出端口,来自 Signals Routing 模块。

(2) Bus Selector:从信号总线中选择信号,来自 Signals Routing 模块。

(3) Mux:多路信号传输器,来自 Signals Routing 模块。

(4) Demux:多路信号分离器,来自 Signals Routing 模块。

(5) Switch:在两个输入之间切换,在 Signals Routing 模块中。

(6) Constant:生成一个常量值,在 Sources 模块中。

(7) Sum:求和,在 Math 模块中。

(8) Gain:求模块的输入量乘以一个数值的结果,在 Math 模块中。

(9) Product:求两个输入量的积或商,在 Math 模块中。

(10) Relational Operator:关系运算符,在 Math 模块中。

(11) Logical Operator:逻辑算子,在 Math 模块中。

(12) Saturation:限制信号的变化范围,在 Discontinuites 模块中。

(13) Integrator:对信号进行积分,在 Continuous 模块中。

(14) Unit Delay:将信号延迟一个采用周期,在 Discrete 模块中。

(15) Discrete-Time Integrator:执行信号的离散时间积分,在 Discrete 模块中。

7.3.2　连续系统模块库(Continuous)

连续系统模块库中所包含的模块种类如图 7-8 所示。

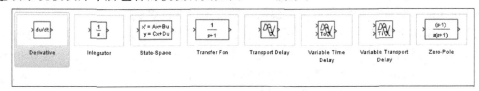

图 7-8　连续系统模块库

主要模块的功能如下：

(1) Derivative：微分器。将其输入端的信号经过一阶数值微分，在输出端输出。

(2) Integrator：积分器。该模块将输入端信号经过数值积分，在输出端直接反映出来。在将常微分方程转换为图形表示时也必须使用此模块。它是连续动态系统最常用的元件。

(3) State-Space：线性系统的状态方程。是线性系统的一种时域描述，系统的状态方程数学表示为

$$\begin{cases} x' = \boldsymbol{A}x + \boldsymbol{B}u \\ y = \boldsymbol{C}x + \boldsymbol{D}u \end{cases} \tag{7.1}$$

其中 $\boldsymbol{A}$ 矩阵是 $n \times n$ 矩阵，$\boldsymbol{B}$ 为 $n \times p$ 矩阵，$\boldsymbol{C}$ 为 $q \times n$ 矩阵，$\boldsymbol{D}$ 为 $q \times p$ 矩阵，这又称为这些矩阵维数相容。在状态方程模块下，输入信号为 u，而输出信号为 y。

(4) Tranfer Fcn：传递函数。它是频域下常用的描述线性微分方程的一种方法，通过引入 Laplace 变换可以将原来的线性微分方程在零初始条件变换成“代数”的形式，从而以多项式的比值形式描述系统，传递函数的一般形式为

$$G(s) = \frac{b_1 s^m + b_2 s^{m-1} + \cdots + b_m s + b_{m+1}}{s^n + a_1 s^{n-1} + a_2 s^{n-2} + \cdots + s_{n-1} s + a_n} \tag{7.2}$$

其中的分母多项式又称为系统的特征多项式，分母多项式的最高阶次又称为系统的阶次。物理可实现系统要满足 $m \leqslant n$，这种情况下又称系统为正则的。传递函数实际上是输出的 Laplace 变换和输入的 Laplace 变换直接的比值。

(5) Zero-Pole：零极点。实现用零极点形式表示的传递函数。

(6) Transport Delay 或 Variable Transport Delay：时间延迟。用于将输入信号延迟指定的时间后传递给输入信号以给定的时间量延迟输入。两个模块的区别在于：前者在模块内部参数中设置延迟时间，而后者将采用输入信号来定义延迟时间。

7.3.3　离散系统模块库(Discrete)

离散系统模块库中所包含的模块种类如图 7-9 所示。

主要模块的功能如下：

(1) Discrete Filter：离散滤波器。

(2) Discrete State-Space：离散系统的状态方程。

(3) Discrete Transfer Fcn：离散系统的传递函数。

(4) Discrete Zero-Pole：离散零极点。

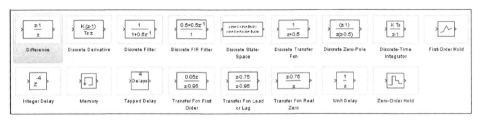

图 7 - 9　离散系统模块库

（5）First-Order Hold：一阶保持器。按照一阶插值的方法计算一个计算步骤下的输出值。

（6）Zero-Order Hold：零阶保持器。在一个步长内输出的值保持在同一个值上。

7.3.4　线形插值查表模块库（Lookup Tables）

线形插值查表模块库中所包含的模块种类如图 7 - 10 所示。

图 7 - 10　线形插值查表模块库

主要模块的功能如下：

（1）Look-Up Table：一维查表。给出一组横坐标的参考值，则输入量经过查表和线性插值，计算出输出值返回。

（2）Look-UP Table（2-D）：二维查表。给出二维平面网格上的高度值，则输入的两个变量经过查表、插值运算，计算出模块的输出值。

7.3.5　数学运算模块库（Math）

数学运算模块库中所包含的模块种类如图 7 - 11 所示。

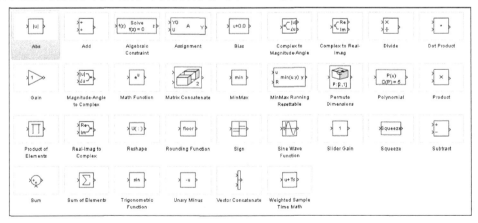

图 7 - 11　数学运算模块库

主要模块的功能如下：

（1）Sum：求和。对输入的多路信号进行求和或求差，则可以计算出输出信号。Add（相加)、Subtract(相减)、Sum of Elements(元素求和)这三个模块和求和模块功能相似,均可通过设置达到相同效果,可以改变输入端口数量,对输入进行相加或相减。图形形状可在圆形和方形间相互转换。后三者为前者的执行形式,功能有重复的嫌疑。

(2) Product:叉乘计算。用于对多路输入的信号进行乘积、商、矩阵乘法等运算或者求出模块的转置等。另外 Divide(叉除)和 Product of Elements(元素相乘)也能实现相同的功能。

(3) Dot Product:矢量的点积。用于实现两个输入信号的点积运算。

(4) Gain:增益函数。给输入信号乘以一个指定的增益因子,使输入产生增益。Slider Gain(滑块增益)也实现相同的功能,不同的是,后者通过设置滑块,然后可移动滑块来设定增益。

(5) Math Function:数学函数。给输入信号施加一些常用的数学函数运算,如:exp、log、10^u、log10、square、sqrt、pow、reciprocal、hypot、rem、mod 等。

(6) Trigonometric Function:三角函数。给输入信号施加三角函数运算,如:sin、cos、tan、asin、acos、atan、atan2、sinh、cosh、tanh 等。

(7) 特殊函数模块。如 MinMax(求最大或最小值)、Abs(求绝对值)、Sign(符号函数)、Rounding Function(取整函数)。

(8) 数字逻辑函数。如 Logic Operator(逻辑运算)、Combinatorial Logic(组合逻辑),可以用这些模块容易地搭建起数字逻辑电路。

(9) 关系运算模块。如 Relational Operator(关系运算符模块),其中关系符号包括＝＝(等于)、≠(不等于)、＜(小于)、＜＝(小于等于)、＞(大于)、＞＝(大于等于)等。

(10) 复数运算模块。这一模块包括:

Complex to Magnitude-Angle:求复数的辐角和模值。

Magnitude-Angle to Complex:将模和辐角合成复数。

Complex to Real-Imag:提取复数的实部和虚部。

Real-Image to Complex:由实部和虚部合成复数。

7.3.6　非连续系统模块库(Discontinuites)

非连续系统模块库中所包含的模块种类如图 7-12 所示。

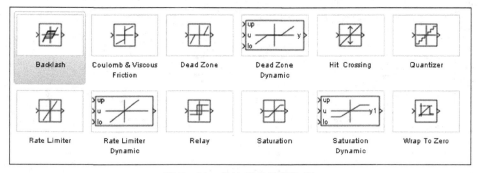

图 7-12　非连续系统模块库

主要模块的功能如下:

(1) Rate Limiter:速率限制。线性信号变化的速率不能超过上限,不能小于下限。另外 Rate Limiter Dynamic(动态速率限制)类似于斜率限制模块,只是上下限可以由外部信号确定。

（2）Saturation：饱和模块。用于限制输入信号的范围。当信号超过上限时，用上限代替；当信号小于下限时，用下限代替。另外 Saturation Dynamic（动态饱和）模块类似于饱和模块，只是上下限可以由外部信号确定。

（3）Dead Zone：死区模块。可以设置死区开始和结束的时间，当在此时间段内，输出信号为零。另外 Dead Zone Dynamic（动态死区）类似于死区模块，只是上下限可以由外部信号确定。

（4）Quantizer：量化。使输入信号在一个指定的时间间隙内离散化。

（5）Relay：继电器。用于实现在两个不同的常数值之间进行切换。

（6）Backlash：磁滞回环。模拟有间隙系统的行为。

（7）Coulomb & Viscous Friction：库仑和黏性摩擦。

7.3.7　信号线路模块库（Signals Routing）

信号线路模块库中所包含的模块种类如图 7－13 所示。

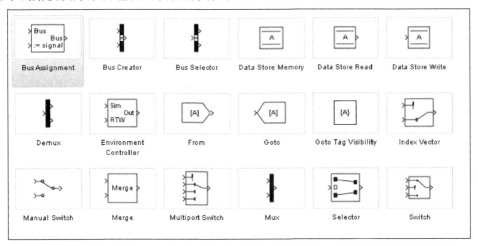

图 7－13　信号线路模块库

主要模块的功能如下：

（1）Mux 混路器。将多路信号依照向量的形式混合成一路信号。例如，可以将要观测的多路信号合并成一路，连接到示波器上显示，这样就可以将这些信号同时显示出来。

（2）Demux：分路器。将混路器组成的信号依照原来的构成方法分解成多路信号。

（3）Manual Switch：手动转换器。按要求手工转换连接通路。

（4）Switch：选择开关。通过第二个端口设置限制，在第一个和第三个端口间转换。

（5）Data Store Memory：为存储器定义大小。

（6）Data Store Read：从存储器读数据。

（7）Data Store Write：向存储器写数据。

7.3.8　信号输出模块库（Sinks）

信号输出模块库中所包含的模块种类如图 7－14 所示。

主要模块的功能如下：

（1）Scope：示波器。将输入信号在示波器中显示。

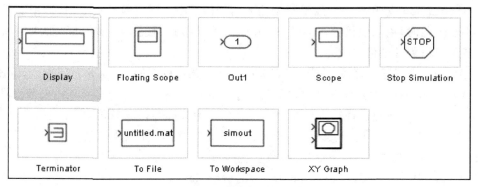

图 7-14　信号输出模块库

（2）XY Graph：二维示波器。将两路输入信号分别作为示波器的两个坐标轴，将信号的轨迹显示出来。

（3）Display：数字显示。将输入信号用数字的形式显示出来。

（4）To File：写文件。向文件中写入数据。

（5）To Workspace：工作空间写入。将输入信号直接写入 MATLAB 工作空间中。

（6）Terminator：信号终止。可以将该模块连接到闲置的未连接的模块输出信号上，避免出现警告。

（7）Stop Simulation：仿真终止。当输入为非零时停止仿真。

（8）Out1：输出端口。用来反映整个系统的输出端子，这样的设置在模型线性化与命令仿真时是必须的。另外，系统直接仿真时这样的输出将自动在 MATLAB 工作空间中生成变量。

7.3.9　信号源模块库(Sources)

信号源模块库中所包含的模块种类如图 7-15 所示。

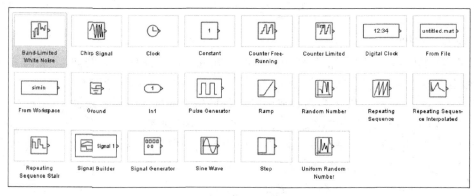

图 7-15　信号源模块库

主要模块的功能如下：

（1）Constant：输入常量。生成一个常量值。

（2）Signal Generator：信号发生器。能够生成若干常用信号，如方波信号、正弦波信号、锯齿波信号等，允许用户自由地调整其幅值、相位及其他信号。

（3）From File：读文件。从文件读取数据作为输入信号。

（4）From Workspace：读工作空间。从工作空间中定义的矩阵中读取数据作为输入信号。

（5）Band-Limited White Noise：宽带限幅白噪声。一般用于连续或混杂系统的白噪声信号输入。除了这样的白噪声外，还有一般随机数发生模块，如 Uniform Random Number（均匀随机数）、Random Number（产生正态分布随机数）等。

（6）In1：输入端口。用来反映整个系统的输入端子，这样的设置在模型线性化与命令行仿真时是必要的。

（7）其他模块。在信号源库中除了以上介绍的常用模块外，还包括其他模块。如 Ramp（斜波信号）、Sine Wave（正弦波信号）、Step（阶跃信号）、Clock（时间信号）、Pulse Generator（脉冲发生器）、Chirp Signal（产生一个线性调频脉冲信号）、Digital Clock（数字时钟）、Repeating Sequence Interpolated（重复插值序列）等。其功能在这里就不再一一介绍。

7.3.10　用户自定义函数模块库（User-defined Functions）

用户自定义函数模块库中所包含的模块种类如图 7 - 16 所示。

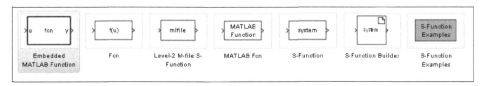

图 7 - 16　用户自定义函数模块库

主要模块的功能如下：

（1）Fcn：自定义函数计算。对输入应用指定的函数运算。该模块可以对输入信号实现很复杂的函数运算，计算出模块的输出值。

（2）MATLAB Fcn：MATLAB 函数。将用户自己按照规定格式编写的 MATLAB 函数嵌入到 Simulink 模型中，这样就可以对输入进行运算，计算生成输出信号。

（3）S-Function：访问 S 函数。按照 Simulink 规定的标准，允许用户编写自己的 S 函数，可以将 MATLAB 语句、C/C++语句、FORTRAN 语句或 Ada 语句等编写的函数在 Simulink 模块中执行，计算出模块的输出值。

7.4　功能模块的基本操作

对 Simulink 功能模块的基本操作包括模块的移动、复制、删除、转向、改变大小、模块命名、颜色设定等。

1. 模块编辑

（1）添加模块

在需要把一个模块添加到模型中时，首先在 Simulink 模块库中找到它，然后用鼠标单击该模块，不要放开鼠标，将这个模块拖到窗口中即可。

（2）选取模块

在建模过程中，有时需要选择多个模块进行同样的操作，如复制、旋转、删除、移动等，在进行这些操作之前，可以一次性选择需进行相同操作的所有模块，统一操作，加快操作速度。以下是选择多个模块的方法。

① 按住 Shift 键,然后依次单击要选择的模块。

② 使用框选,按下鼠标左键或右键均可,拖动鼠标画出一个矩形框,框出要选择的模块。

在这两种方法中,前者适合选择零散的模块,后者适合选择相邻的一个区域的模块。

(3) 在模型内复制模块

在建模过程中,可能有某一个模块会被使用多次,总是从 Simulink 模块库中添加无疑是很麻烦的。其实只要添加一次,其余的用这个复制即可。

在同一个模型窗口中复制模块的方法是,首先按下 Ctrl 键不放,用鼠标左键点住要复制的模块,按住左键拖动该模块,在拖动过程中,会显示该模块的虚框和一个加号,最后将模块放到适当的位置,松开鼠标和 Ctrl 键即可。

(4) 删除模块

要删除一个或多个模块,选中将被删除的模块,然后按 Delete 或 Backspace 键进行删除。也可以选择"Edit"菜单下的"Clear"命令。

2. 模块修饰

(1) 调整模块大小

选中要调整大小的模块,然后拖动它的任何一个选择句柄。当松开鼠标键时,模块的大小就得到了调整。

(2) 调整模块位置

选中要调整位置的模块,按住鼠标左键并拖动。在拖动过程中,会显示该模块的虚框,将模块放到适当位置,松开鼠标即可。

(3) 调整模块方向

缺省情况下,信号从模块的左端传到右端。输入端口在左边,输出端口在右边。可以通过选择"Format"菜单下的如下菜单项来改变模块的方向:

① 选择 Flip Block 菜单项,将模块旋转 180°。

② 选择 Rotate Block 菜单项,将模块顺时针方向旋转 90°。

(4) 调整模块颜色和效果

选中要调整颜色的模块,打开"Format"菜单,指向"Foreground color",在弹出的菜单中选择模块的前景颜色,即模块的图标、边框和模块名的颜色。选中"Background color",在弹出菜单中选中模块的背景颜色。另外,在"Format"中还有一项"Screen color",用来改变模型的背景颜色。最后使用"Show drop shadow"命令可以给模块加阴影,产生立体效果。

3. 模块标签处理

(1) 修改模块的标签

用鼠标左键单击模块标签的区域,这时会在此处出现编辑状态的光标,在这种状态下能够对模块标签进行修改。注意在同一模型的同一层中,不允许有两个模块同名。

(2) 修改模块标签的位置

模块标签的位置有一定的规律,当模块的接口在左右两侧时,模块标签只能位于模块的上下两侧,缺省在下侧;当模块的接口在上下两侧时,模块标签只能位于模块的左右两侧,缺省在左侧。因此模块标签只能从原始位置移到相对的位置。可以用鼠标拖动模块名到其相对的位置;也可以选定模块,选择"Format"菜单下的"Flip Name"命令来翻转模块标签。

（3）显示或隐藏标签

在"Format"菜单下选取"Hide Name"命令,模块标签会被隐藏。若要把隐藏的模块标签再显示出来,再次打开"Format"菜单,会发现原来的"Hide Name"命令变成了"Show Name"命令,单击它就可以显示模块标签。

4. 模块连线操作

信号由连接线传输,连线可传输标量或者向量信号。连线可以将一个模块的输出端口与另一个模块的输入端口相连,连线也可通过支线将一个模块的输出端口与几个模块的输入端口相连。

（1）绘制连线

先移动鼠标到输出端,将鼠标的箭头置于第一个模块的输出端口,这时光标的形状会变为细十字形,按下并保持住鼠标键,拖动鼠标指针到第二个模块的输入端口,当光标的形状变为双十字形,松开鼠标键即完成了连接。

如果两个模块不在同一个水平线上,连线是一条折线。若要画斜线,画线时按住 Shift 键进行拖动即可。

（2）画支线

支线是从一条已存在的连线开始,将信号传给一个模块的输入端口的连线,已存在的连线和支线传送的是相同的信号,使用支线可以将一个信号传给多个模块。要增加一条支线,首先,将鼠标指针置于要画支线的起点处,然后再按住 Ctrl 键的同时按下鼠标,将连线拖动到目标模块,释放鼠标和 Ctrl 键即可。

（3）删除连线

如果要删除某条连线,可点击选中要删除的连线,再直接单击键盘的 Delete 键即可删除。

（4）连线的标注

要建立连线的标注,只需双击线段,并且在插入点处键入标注文字即可。

7.5　仿真参数设置

在开始仿真以前,还必须对仿真算法、输出模式等各种参数进行设置。

选择 Simulation 菜单下的 Output→Configurature Logging 菜单选项,将出现仿真参数设置对话框,如图 7 - 17 所示。

下面介绍几种常用的设置。

1. 求解器(Solver)选项

Solver 选项卡是系统当前默认的打开选项,如图 7 - 17 所示,其中以下两组参数比较重要。

（1）Simulation time 组:用来设置仿真的起止时间。注意这里所讲的仿真时间的概念与真实的时间并不一样,它只是计算机仿真中对时间的一种表示,比如 1 秒的仿真时间,如果采样步长定为 0.1,则需要执行 10 步,若把步长减小,则采样点数增加,那么实际的执行时间就会增加。

（2）Solve options 组:用于仿真求解器,并为其指定参数。在这组参数中,Type 用于设置

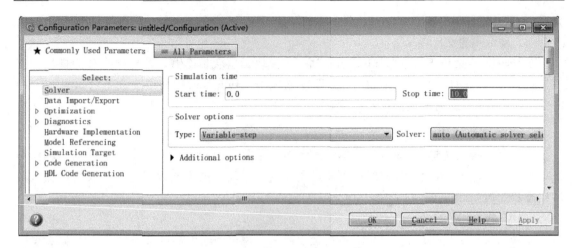

图 7-17　仿真参数设置对话框

求解器类型,一共有两大类:变步长算法(Variable-step)和固定步长算法(Fixed-step)。其中 Variable-step 类能够在模拟过程中自动调节步长的大小,以满足容许误差的设置与零跨越的要求;而 Fixed-step 类会固定步长的大小,不会自动修改步长的大小以满足容许误差的设置与零跨越的要求。

2. 数据输入输出选项(Data Import/Export)

在仿真参数对话框中选择 Data Import/Export 项,会弹出数据输入输出页,如图 7-18 所示。

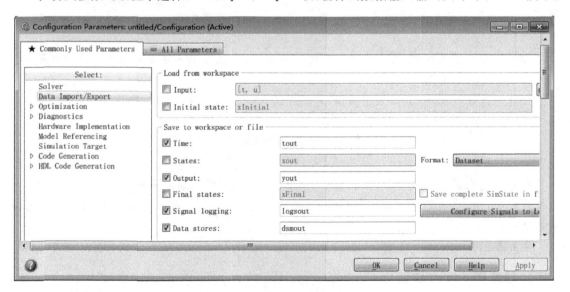

图 7-18　数据输入输出选项对话框

此页主要用来设置 Simulink 与 MATLAB 工作空间交换数值的有关选项。它分为三组,包括 Load from workspace(从工作空间载入数据,可设置如何从 MATLAB 工作空间调用数据)、Save to workspace(将输出保存到工作空间,可设置如何将数据保存到 MATLAB 工作空间)、Save options(保存选项,负责设置保存到工作空间或者从工作空间加载数据的各种选项)。

3. 诊断选项(Diagnostics)

Diagnostics 选项卡如图 7 – 19 所示。

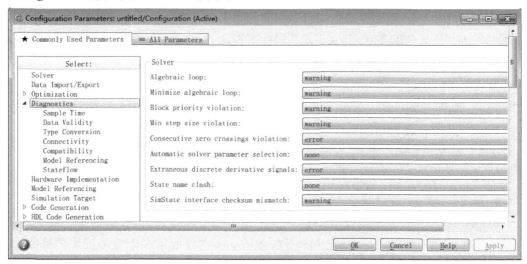

图 7 – 19　诊断选项对话框

在仿真过程中,可能会出现一些非正常情况,Diagnostics 选项卡就是专门用于设置系统对这些事件做出何种反应(即采取什么操作)。可以选取的反应类型有 3 种:

(1) None:不做任何反应。在任何情况下都不影响程序运行。

(2) Warning:提出警告。但警告信息不影响程序的运行。

(3) Error:提示错误。在提出错误后,运行的程序将停止。

7.6　仿真结果分析

仿真结果分析是进行建模与仿真的一个重要环节。结果分析有助于模型的改进、完善。Simulink 的 Sinks 输出模块库中的几个模块都可以用来观察仿真结果。

观察仿真结果的方法有以下三种:

(1) 将仿真结果信号输入到输出模块“Scope”(示波器)、“XY Graph”(二维 X – Y 图形显示器)或“Display”(数字显示器)中,直接来查看图形或者数据。

① Scope:将信号显示在类似示波器的图形窗口内,可以放大、缩小窗口,也可以打印仿真结果的波形曲线。

② XY Graph:绘制 X – Y 二维的曲线图形,两个坐标刻度范围可以设置。

③ Display:将仿真结果的信息数据以数字形式显示出来。

只要将这三种示波器图标放在控制系统模型结构图的输出端上,就可以在系统仿真时,同时看到仿真输出结果。

(2) 将仿真结果信号输入到“To Workspace”模块中,即保存到 MATLAB 工作空间里,再用绘图命令在 MATLAB 命令窗口里绘制出图形。

(3) 将仿真结果信号返回到 MATLAB 命令窗口里,再利用绘图命令绘制出图形。

另外,对输入信号的不同设置也会影响观察的结果,下面就以 Source 模块库内的 3 个模块为例说明输入信号的设置方法。

1. Sine Wave 模块

双击 Sine Wave 模块,在弹出的窗口中调整相关参数。信号生成方式有两种:Time based 和 Sample based。如果以 Time based 方式运行该模块,则需要用户设定波形的幅度(Amplitude)、偏移(Bias)、频率(Frequency)、初相(Phase)几个参数;如果选择 Sample based 方式,参数设置则为幅度(Amplitude)、偏移(Bias)、每周期采样数(Samples per period)和偏移采样数(Number of offset samples)。

2. From Workspace 模块

双击 From Workspace 模块,在弹出窗口中调整相关参数。在"Data"文本框中填写从工作空间的哪个变量中读取数据,"Sample time"设置采样时间。

3. From File 模块

From File 模块用于从 mat 文件中读取数据作为模型的输入信号,在使用此模块时需要设置 mat 文件名和采样时间。From File 模块会从 mat 文件的第一个矩阵读取信号数据,该矩阵的第一行被认为给出了一组时刻值,其余行给出了相应的信号值。在两个给定时刻之间的信号值,模块会以线性内插的方式给出;在最后一个给定时刻之后,模块会根据最近的两个时刻的值外推出其值。

例 7 - 2　设计一个仿真模型,能够根据 MATLAB 工作空间的变量,产生相应数据的波形。

解:设计步骤如下。

(1) 新建一个模型窗口。

在 Simulink 启动窗口,选择链接 New → Simulink → Blank Model,新建一个名为"untitled1"的空白模型设计窗口(如图 7 - 2 所示)。在空白模型窗口,选择菜单 View→ Library Browser,或者工具栏 ⊞,就会进入"Simulink Library Browser"浏览器窗口(如图7 - 3 所示)。

(2) 为模型添加所需模块。

单击模块浏览器中"Simulink"模块库前面的"＋"号,选择其中的子模块库"Source",用鼠标把"From Workspace"模块直接拖到模型设计窗口内,再选择子模块库"Sinks",用鼠标把"Scope"(示波器)模块拖到设计窗口内,如图 7 - 20 所示。

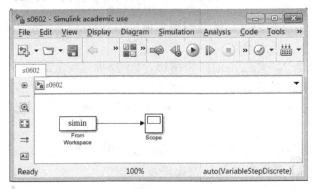

图 7 - 20　仿真模型

（3）在 MATLAB 指令窗口键入如下指令：

>> t=0：0.2：10；

>> u=cos(t);

>> simin=[t' u'];

（4）选择菜单 Simulation→Run，然后双击"Scope"图标，再单击示波器工具栏上的 ⏵ 图标，输出结果如图 7-21 所示。

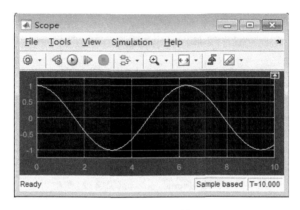

图 7-21　输出结果

自学内容

7.7　Simulink 演示实例

在联机演示系统所提供的 Simulink 帮助中，有一些有趣的演示模型实例，如 sldemo_bounce（弹跳球）、sldemo_hydcy1（单缸液压仿真）、sldemo_hydcy14（四缸液压仿真）、sldemo_hydrod（载重限制的二圆筒模型）、sldemo_househeat（房屋热模型）、sldemo_flipflop（计数器）等，下面以 sldemo_bounce（弹跳球）为例说明其用法。

例 7-3　运行 sldemo_bounce（弹跳球）仿真演示程序。

解：运行步骤如下。

（1）启动 MATLAB。

（2）在 MATLAB 命令窗口输入：

>> open_system（'sldemo_bounce'）

或

>> sldemo_bounce

能够直接打开演示程序模型窗口，这个命令会启动 Simulink，打开模型如图7-22所示。

（3）进行仿真。在 Simulink 中选择菜单 Simulation→Run 命令，或者单击工具栏上的 ⏵ 图标。

运行后的输出结果如图 7-23 所示。

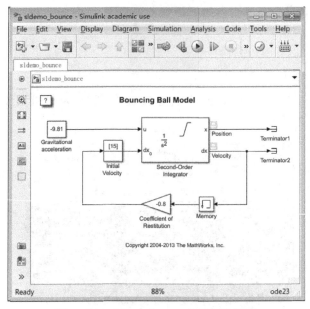

图 7 - 22　sldemo_bounce(弹跳球)模型

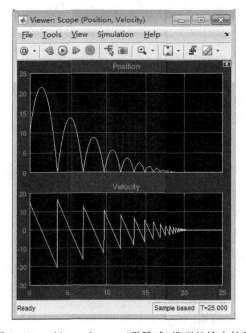

图 7 - 23　sldemo_bounce(弹跳球)模型的输出结果

（4）程序运行完毕后，可在 Simulink 中选择菜单 File→Close 命令来关闭。

应用举例

例 7 - 4　用 Simulink 仿真两个正弦信号相减，即计算 $y(t) = \sin t - \sin(2t)$。

解：仿真步骤如下。

（1）运行 Simulink 并新建一个空白模型窗口。在 Simulink 启动窗口，选择链接 New→Simulink→Blank Model，新建一个名为"untitled1"的空白模型设计窗口（如图 7 - 2 所示）；在空白模型窗口，选择菜单 View→Library Browser，或者工具栏▦，就会进入"Simulink Library Browser"浏览器窗口（如图 7 - 3 所示）。

（2）将所需模块添加到模型中。在"Sources"信号源模块中找到"Sine Wave"正弦源，然后用鼠标将其拖到模型窗口。将这个过程再重复一次，以得到第二个正弦源。在"Sinks"输出模块中把"Scope"（示波器）拖到模型窗口；在"Math"（数学）模块中把"Sum"（求和）拖到模型窗口，双击"Sum"模块，打开属性对话框，将"List of signs"由"|＋＋"修改为"|＋－"。

（3）编辑模块并组成模型。根据题意的要求，需要两个正弦源的频率分别是 6.28 Hz 和 12.56 Hz，幅度均为 1。先双击一个正弦源，打开"Block parameters"模块参数对话框，把"Frequency"频率改为"2 * pi"；把"Amplitude"幅度改为"1"，其他参数不用改。用同样的方法将另一个正弦源的频率改为"4 * pi"。

双击示波器，选择 File→Number of Input Ports，将坐标轴的数量改为 3（因为要看 3 个波形）。

将各个模块连接起来，如图 7 - 24 所示。

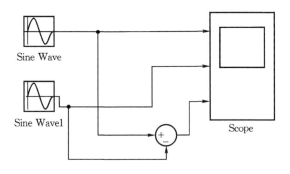

图 7 - 24　正弦信号相减的系统模型

（4）设置系统仿真参数。在仿真之前，还要设置仿真的时间、步长和算法。单击模型窗口的 Simulink 对话框，打开仿真参数设置对话框，如图 7 - 25 所示。

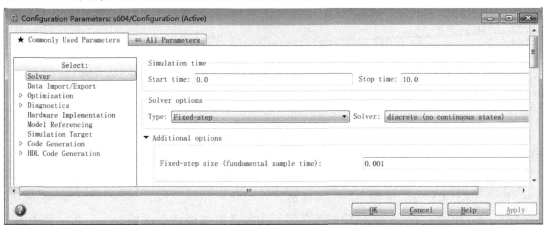

图 7 - 25　系统仿真参数设置对话框

把仿真结束时间设置为"10.0",即仿真时间为 10 秒;把算法选择为"Fixed-step"(固定步长),并在其右边的算法框选择"discrete(no continuous states)",再把"Fixed step size"固定步长尺寸设置为"0.001"(0.001 秒)。

(5) 进行系统仿真。系统仿真参数设置完成后,单击模型窗口中的图标 ▶,或单击模型窗口的"Simulink"菜单下的"Run"命令进行仿真。

(6) 观察系统仿真结果。双击模型窗口的示波器图标,可见仿真结果,如图 7-26 所示。

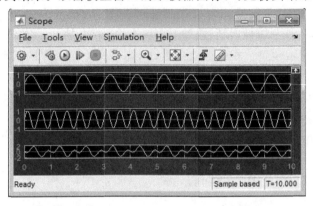

图 7-26　两个正弦函数相减的仿真结果

例 7-5　对如图 7-27 所示的简单多路信号结构进行仿真。该结构包括一个输入、两个积分器、一个可以观察信号随时间变化的窗口(示波器),该示波器要求同时显示三条曲线。

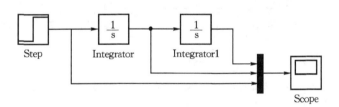

图 7-27　一个简单的多路信号结构

解:仿真步骤如下。

(1) 新建一个空白模型窗口。

(2) 从 Simulink 的模块库中把需要的模块复制到工作区。它们分别是 Sources 子库里的 Step 模块,它产生一步阶波;Continuous 子库中的 Integrator 模块;在 Signal Routing 子库中找到 Mux 模块并将它拖到仿真窗口。从 Sink 库中找到 Scope 模块并将之拖到窗口。

(3) 连接这些模块以构成仿真模型。用鼠标拖着连接线从一个模块移到下一个模块将二者连接起来,最后形成的系统结构如图 7-27 所示。

(4) 设置仿真时间为从零开始到 5 秒后结束。然后选择模型窗口"Simulink"菜单中的 "Run"命令,得到如图 7-28 所示的响应曲线。

例 7-6　构建一个能够把摄氏温度值转换为华氏温度值的仿真模型。已知将摄氏温度值转换为华氏温度值的公式为

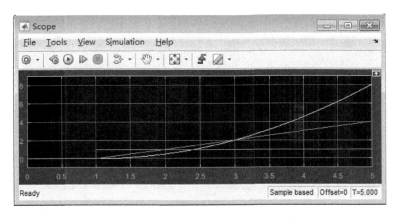

图 7 - 28 同时显示三个信号的 Scope 模块

$$T_\mathrm{f} = \frac{9}{5} T_\mathrm{e} + 32$$

其中，T_f 为华氏温度值，T_e 为摄氏温度值。

解：构建步骤如下。

（1）新建一个模型窗口。

（2）复制需要的模块。从 Simulink 的模块库中把需要的模块复制到工作区，包括：

- 一个 Gain 模块，用来定义常数增益 9/5，Gain 模块来源于 Math Operation。
- 一个 Constant 模块，用来定义一个常数 32，Constant 模块来源于 Sources。
- 一个 Sum 模块，用来把两项相加，Sum 模块来源于 Math Operation。
- 一个 Ramp 模块，作为输入信号，Ramp 模块来源于 Sources。
- 一个 Scope 模块，用来显示输出，Scope 模块来源于 Sinks。

（3）模块的连接。连接以上模块构成仿真模型，如图 7 - 29 所示。

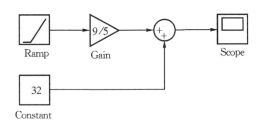

图 7 - 29 温度转换公式模型

分别双击 Gain 模块和 Constant 模块，在弹出的对话框中设置模块的属性值。这里分别把 Gain 模块的增益值设置为"9/5"和将 Constant 模块的常数值设置为"32"，然后单击"OK"按钮。打开 Ramp 模块，把其初始输出参数设置为"0"。

（4）配置仿真参数。在用户窗口菜单"Simulation"中选择"Configure Logging..."命令，定义"Stop time"为"10"（10 秒），"Maximum step size"为"0.1"（0.1 秒），然后在"Simulation"菜单中选择"Run"命令，仿真开始，双击"Scope"，此时就可以看到如图 7 - 30 所示的输出曲线图。

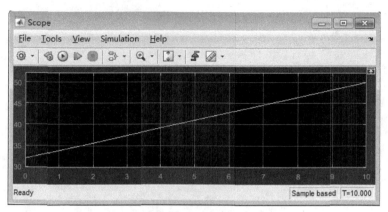

图 7 - 30　摄氏温度转换为华氏温度的仿真结果

上机练习题

1. 用 Scope(示波器)观察 Source(信号源)中的各种信号并画出波形。

2. 运行并观察 MATLAB 系统所提供的 sldemo_househeat_script(房屋供热系统)仿真演示程序。

3. 用 Simulink 仿真求出如下系统的响应曲线。

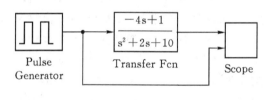

图 7 - 31

4. 用 Simulink 仿真两个正弦信号相乘,即计算 $y(t) = \sin t_1 \sin t_2$。

5. 用 Simulink 仿真两位二进制数加法器。

6. 用 Simulink 模拟仿真蹦极跳问题:蹦极跳运动的方法是将人系着一个弹力绳从桥上跳下,在接触水面前弹力绳会将蹦极者拉回来,然后反复振荡,直到结束。

根据连续动力学知识,蹦极者的运动方程由下式给出:

$$mx'' = mg + b(x) - a_1 x' - a_2 |x'| x'$$

$$b(x) = \begin{cases} -kx & x > 0 \\ 0 & x \leqslant 0 \end{cases}$$

其中,x 是蹦极者所在的位置,m 是蹦极者的质量,k 是弹力绳的弹力常数,a_1、a_2 是空气阻尼系数。

7. 设计一个模拟人口变化情况的模型。

根据人口学理论,若用 $p(n)$ 表示某一年的人口数目,其中 n 表示年份,则它与上一年的人口 $p(n-1)$、人口繁殖速率 r 以及新增资源所能满足的个体数目 K 之间的动力学方程将由如下的差分方程描述:

$$p(n) = rp(n-1)\left[1 - \frac{p(n-1)}{K}\right]$$

从上面的差分方程中可以看出，这个人口变化系统为一个非线性离散系统。现在如果假设人口初始值 $p(0)$ 为 10 000 人，人口繁殖率 r 为 1.1，新增资源所能满足的个体数目 $K = 1\,000\,000$，请建立此人口动态变化系统的模型，并对 0～200 年之间的人口数目变化趋势进行仿真。

附录 A

图形用户界面设计 GUI

用户界面是人与计算机(或程序)之间进行交互的工具和方法。图形用户界面(Graphical User Interfaces,GUI)则是由窗口、光标、按键、菜单、文字说明等对象构成的一个用户界面。用户通过一定的方法(如鼠标或键盘)来选择、激活这些图形对象,使计算机产生某种动作或变化,如计算、绘图等。

MATLAB 提供了一个可视化的图形界面开发环境 GUIDE(graphical user interface development environment)。它是一个界面设计工具集,集成了所有 GUI 支持的用户控件,同时还提供界面外观、属性和行为响应事件的设置方法。在设计 GUI 时,界面的制作包括界面的设计和程序的运行,其过程不是一步到位的,而是需要反复修改、运行,才能获得满意的界面。其设计步骤如下:

(1) 分析界面所要求实现的主要功能,明确设计任务;

(2) 构思草图,从 GUI 控件功能出发,设计界面;

(3) 编写相应 GUI 控件的程序,实现控件对象的功能。

A.1 可视化界面环境

GUIDE 是图形用户界面开发环境的英文 graphical user interface development environment 的缩写。使用 GUIDE 可完成两项工作:

(1) GUI 图形界面布局;

(2) GUI 编程。

在 MATLAB 主窗口中,启动 GUIDE 有两种方法:在命令窗口中键入 GUIDE 命令,或用鼠标选择菜单命令窗口中的 HOME→New→APP→GUIDE。所得界面如图 A-1 所示。

打开新建 GUI 界面时顶端出现两个标签,分别是"Creat New GUI"(新建 GUI)和"Open Existing GUI"(打开已保存的 GUI)。打开新建 GUI 标签时,选择空模板,就进入 Guide 程序的主窗口,又称为 Guide 的控制面板,如图 A-2 所示。整个控制面板分 4 个部分,分别是:

(1) 菜单。

(2) 工具栏。

(3) 控件面板:从中可以选择各种控件,如按钮(Push Button)、静态文本框(Static Text)、编辑文本框(Edit Text)、单选框(Radio Button)、检查框(Checkbox)等。

(4) 界面编辑区。

在工具栏中,GUIDE 还提供了一些常用工具,如界面编辑面板(Layout Editor)、对象对齐工具(Alignment Tool)、对象属性编辑器(Property Inspector)、对象浏览器(Object Browser)、

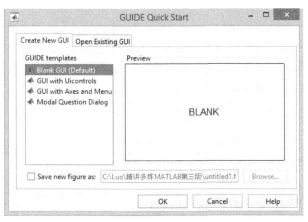

图 A-1　GUIDE 启动对话框

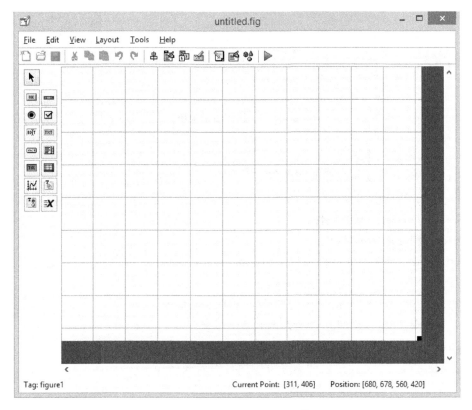

图 A-2　用户界面开发环境

控件顺序编辑器(Tab Order Editor)、工具栏编辑器(Toolbar Editor)和菜单编辑器(Menu Editor)。

A.2　界面设计工具集

如前所述,GUIDE 提供了一个界面设计工具集来实现图形界面的创建工作,下面简要介绍工具集的用法。

1. 在布局编辑器上添加控件

从控件面板中选择某一所需的控件,将其拖到空白模板中的合适位置,在建立的控件上单击右键时会出现一个快捷菜单,如图 A-3 所示的"Push Button"控件。

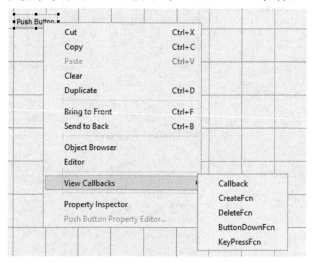

图 A-3　控件右键菜单

下面介绍常用的几个选项。

(1) Cut:对选中的控件进行剪切操作。

(2) Copy:复制选中的控件。

(3) Paste:粘贴已复制的控件。

(4) Clear:删除选中的控件。

(5) Duplicate:对选中的控件进行复制并粘贴。

(6) Object Browser:打开对象浏览器。

(7) Property Inspector:对选中的控件打开属性检查器。

(8) Callback:单击鼠标时控件回调的函数或功能。

(9) CreateFcn:定义控件在创建阶段执行的回调例程。

(10) DeleteFcn:定义在对象的删除阶段执行的回调例程。

(11) ButtonDownFcn:按下鼠标时控件回调的函数。

2. 利用属性查看器设置控件的属性

选中一个控件然后单击"Property Inspector"(属性查看器)按钮就可以打开这个控件的属性列表,如果没有选择任何控件,则显示的是整个图形界面的属性列表。也可以通过鼠标右键菜单和 GUIDE 主窗口的菜单项 View 打开属性查看器。

对于不同的控件,其属性列表也不完全相同,但有些属性是对各个控件通用的,下面就介绍这些常用属性及其分类。

(1) 控件风格和外观

① BackgroundColor:设置控件背景颜色。

② CData：设置在控件上显示的真彩色图像。

③ ForegroundColor：设置文本颜色。

④ String：设置控件上的文本属性。

⑤ Visible：设置控件是否可见。

（2）对象的常规信息

① Enable：表示此控件的使能状态，设置为"on"表示此控件可选，为"off"则不可选。

② Style：控件对象类型。

③ Tag：控件标记。

④ TooltipString：为字符串类型，显示提示信息。

⑤ UserData：用户指定数据。

⑥ Position：控件对象的尺寸和位置。

⑦ Units：设置控件的位置及大小的单位。

⑧ 有关字体的属性。

（3）控件回调函数的执行

① BusyAction：处理回调函数的中断。有两种选项：cancel 取消中断事件，queue 排队。

② ButtonDownFcn 属性：按钮按下时的处理函数。

③ CallBack 属性：此属性是连接程序界面整个程序系统的实质性功能的纽带。其属性值应该为一个可以直接求值的字符串，在该对象被选中和改变时，系统将自动对字符串进行求值。

④ CreateFcn：在对象产生过程中执行的回调函数。

⑤ DeleteFcn：删除对象过程中执行的回调函数。

⑥ Interruptible：可选的值为"on"或"off"，指定当前的回调函数在执行时是否允许中断。

（4）控件当前状态信息

① ListboxTop：在列表框中显示的最顶层的字符串的索引。

② Max：最大值。

③ Min：最小值。

④ Value：控件的当前值。

3. 对齐和网格工具

可以使用两种工具为多个空间对象进行精细排列。

其一就是在 GUIDE 主窗口工具栏里单击"Align Object"（排列工具）按钮，就会打开控件的位置调整对话框，如图 A-4 所示。排列工具的作用是对选定的多个图形元素进行水平和垂直排列，或者平均布置多个按钮。排列工具提供两种类型的排列操作：对象对齐和对象均匀分布。这两种操作都可以用于垂直方向和水平方向。

其二是可利用网格和标线（Grid and Rulers）对话框，可以在该对话框中设置网格和标线的属性。选择菜单栏中的"Tools"|"Grid and Rulers…"命令，打开"Grid and Rulers"对话框，如图 A-5 所示。

4. 对象浏览器

对象浏览器能以树状结构形式列出当前正在设计的 GUI 程序中用到的所有对象，它可以一目了然地分清各个对象之间的层次关系，如图 A-6 所示。

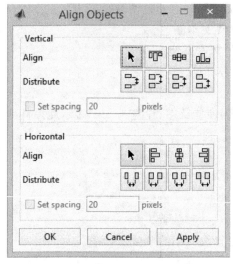

图 A - 4　　Align Objects 对话框

图 A - 5　　网格和标线对话框

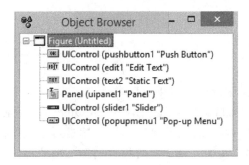

图 A - 6　　用对象浏览器观察组件得到的结果

　　双击某个选中的对象,就可以打开该对象的属性浏览器,当系统用到的对象比较多时,使用对象浏览器来修改对象的属性就变得异常方便。

5. 菜单编辑器

　　Menu Editor(菜单编辑器)提供了两种菜单类型的编辑功能,一种是下拉式菜单(Menu Bar),另一种是弹出式菜单(Context Menu),如图 A - 7 所示。

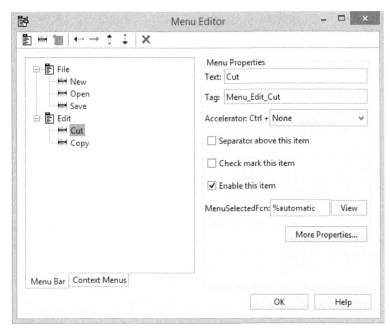

图 A-7　菜单编辑器示意图

菜单属性的设置选项如下：

（1）菜单项的标签名称（Label）：它可以是一个任意字符串。如果字符串中使用了 & 标志，在显示时，就会该符号后面的字符处就会出现一个下划线修饰，可以让用户用键盘激活相应的菜单项。

（2）标记（Tag）：用户特定标签，使程序员容易在程序找到相应的代码。

（3）分界符（Separator above this item）：其取值可为选定或不选两种，表示在该菜单项的上面是否加一个分界符（即一条线），当前默认状态是不选的，即没有分界符。

（4）是否在该菜单项前加勾标记（Check mark this item）：其取值可为选定或不选两种，当前默认状态是不选。

（5）允许选中该菜单项（Enable this item）：其取值可为选定或不选两种，当前默认状态是选定。

（6）回调函数（MenuSelectedFcn）：它可以是一个用引号括起的函数名称，也可以是一组MATLAB 命令。在该菜单项被选中以后，系统将自动调用此函数来做出对相应菜单项的响应。

6. GUI 选项对话框

选择 GUIDE 菜单栏中的"Tools"｜"GUI Options"命令，打开"GUI Options"对话框，在该对话框中可以设置 GUI 初始状态的属性，如图 A-8 所示。

下面详细介绍对话框各个选项的具体含义。

（1）调整大小的方式（Resize behavior），有三个选项：

① 不可调整大小：用户不能自行修改窗口的大小，这是默认选项。

② 成比例：该选项数值允许 MATLAB 按照新的图形窗口尺寸来重新绘制 GUI 控件，但是在重画过程不会改变标签中字号的大小。

③ 其他：通过编程使重画过程中 GUI 按照用户指定的方式改变。选用该选项后，需要编

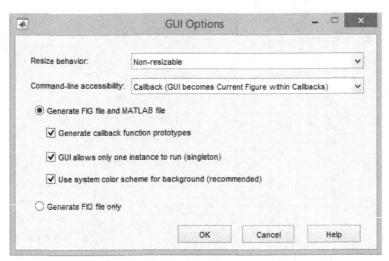

图 A-8　GUI 应用程序的选项对话框

写 ResizeFcn 属性定义的回调函数,该函数将根据新的图形窗口尺寸重新计算控件的大小和位置。

(2) 命令行的可访问性(Command-line accessibility),有四个选项:

① 回调(GUI 成为回调的当前图形):当图形窗口中包含坐标轴等对象时,需要编写命令来访问该图形窗口。

② 禁止(GUI 不能成为回调的当前图形):禁止命令对 GUI 图形窗口的访问。

③ 启用(GUI 可通过命令行成为回调的当前图形):允许命令对 GUI 图形窗口的访问。

④ 其他(使用属性检查器中的设置):用户可以设置窗口属性值决定命令行是否能够访问图形窗口的句柄。

(3) 生成 FIG 文件和 M 文件(Generate FIG file and MATLAB file),有三个选项:

① 生成回调函数原型。

② 同一时间只允许运行一个应用程序实例(单一)。

③ 对背景使用系统颜色方案(推荐)。

(4) 仅生成 FIG 文件(Generate FIG file only)。

A. 3　应用举例

例 A-1　利用界面设计工具 guide,编写如图 A-9 显示的 MATLAB 演示程序。

分析:MATLAB 帮助系统中所提供的演示程序 demo 是使用图形界面的最好范例。对于想了解某一方面资料的用户而言,在指令窗中运行 demo 打开图形界面后,只要用鼠标进行选择,就可浏览丰富多彩的内容。本例即是仿照 demo 程序风格,编写一个图形演示程序。

解:步骤如下。

(1) 利用界面编辑器,设计窗口初始位置和大小。

(2) 新建图形对象,加入所需控件,并利用对齐编辑工具(Align Objects)对齐所有控件。

(3) 设置新建对象的属性,如图 A-10 所示。

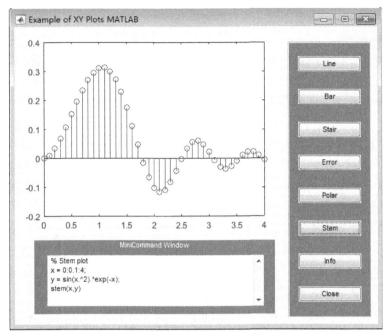

图 A-9　平面图形演示界面

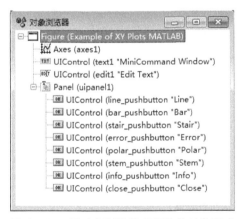

图 A-10　用对象浏览器观察控件对象列表

① 图形对象（Figure）

Name 属性设置为 Examples of XY Plots in MATLAB。

② 静态文本控件。

String 属性设置为 MiniCommand Window。

BackgroundColor 属性设置为[128,128,128]。

ForegroundColor 属性设置为[1,1,1]。

③ 静态文本控件。

HorizontalAlignment 属性设置为 left。

Max 属性设置为 10。

BackgroundColor 属性设置为[1,1,1]。

④ 面板控件。

Title 属性设置为(空)。

BackgroundColor 属性设置为[128,128,128]。

⑤按钮控件 8 个。

String 属性是字符串的显示格式,分别设置为 Line、Bar、Stair、Error Bar、Polar、Stem、Info、Close;

Tag 属性设置为 line_pushbutton、bar_pushbutton、stair_pushbutton、errorbar_pushbutton、polar_pushbutton、stem_pushbutton、info_pushbutton、close_pushbutton;

Callback 属性设置为 automatic,系统将在存盘或激活时自动产生相应的函数。

(4) 在产生的 M 文件加入相应代码,在本程序中即带灰色底纹的部分。

程序:(以下省去系统产生的代码)

function varargout=line_pushbutton_Callback(h,eventdata,handles,varargin)

```
cmdStr=str2mat(...
        ' % Line plot of a chirp',...
        'x=0:0.05:5;',...
        'y=sin(x.^2);',...
        'plot(x,y);'...
    );
set(handles.edit1,'String',cmdStr);
evalmcw(handles.edit1);
```

function varargout=bar_pushbutton_Callback(h,eventdata,handles,varargin)

```
cmdStr=str2mat(...
        ' % Bar plot of a bell shaped curve',...
        'x=-2.9:0.2:2.9;',...
        'bar(x,exp(-x.*x));'...
    );
set(handles.edit1,'String',cmdStr);
evalmcw(handles.edit1);
```

function varargout=stair_pushbutton_Callback(h,eventdata,handles,varargin)

```
cmdStr=str2mat(...
        ' % Stairstep plot of a sine wave',...
        'x=0:0.25:10;',...
        'stairs(x,sin(x));'...
    );
set(handles.edit1,'String',cmdStr);
evalmcw(handles.edit1);
```

```
function varargout=error_pushbutton_Callback(h,eventdata,handles,varargin)
cmdStr=str2mat(...
        ´ % Errorbar plot´,...
        ´x=−2:0.1:2;´,...
        ´y=erf(x);´,...
        ´e=rand(size(x))/10;´,...
        ´errorbar(x,y,e);´...
    );
set(handles.edit1,´String´,cmdStr);
evalmcw(handles.edit1);
```

```
function varargout=polar_pushbutton_Callback(h,eventdata,handles,varargin)
cmdStr=str2mat(...
        ´ % Polar plot´,...
        ´t=0:.01:2*pi;´,...
        ´polar(t,abs(sin(2*t).*cos(2*t)));´...
    );
set(handles.edit1,´String´,cmdStr);
evalmcw(handles.edit1);
```

```
function varargout=stem_pushbutton_Callback(h,eventdata,handles,varargin)
cmdStr=str2mat(...
        ´ % Stem plot´,...
        ´x=0:0.1:4;´,...
        ´y=sin(x.^2).*exp(−x);´,...
        ´stem(x,y)´...
    );
set(handles.edit1,´String´,cmdStr);
evalmcw(handles.edit1);
```

```
function varargout=info_pushbutton_Callback(h,eventdata,handles,varargin)
helpwin
function varargout=close_pushbutton_Callback(h,eventdata,handles,varargin)
close(gcf);
```

运行：得到如图 A-9 所示的结果，用鼠标点击相应按钮，将产生如系统提供的 demo 演示程序一样的效果。

小结：虽然这个程序比较长，但由于其中大多数的程序代码都是由系统自动生成的，并不需要用户自己编写，因此工作量并不大。另外，用户从这个程序出发，只要稍作变动，就可编写出许多类似的演示程序。

程序中还使用了一些特殊的命令：

(1) str2mat 函数：将多个字符串转换为二维由空格填写的字符矩阵。

(2) set(handles. edit1,'String',cmdStr)：设置编辑控件的 String 属性为 cmdStr 的值。

(3) evalmcw 函数：执行编辑控件的一系列函数。

附录 B

MATLAB 主要函数命令一览

MATLAB 的函数很多,其数目和用法随着版本的发展也在不断改变;同时,不同版本中函数的分类方法也稍有区别。本书不可能也没有必要将它们完全都列举出来,读者可以自行在 MATLAB 帮助文件中查找所需函数的信息。这里仅仅给出其中常用且和本书内容相关的部分主要函数。

1. 一般函数命令

（1）常用信息（General Information）

demo	运行演示
ver	MATLAB、Simulink 及各种工具箱的版本信息
version	MATLAB 版本信息

（2）工作区的管理（Managing the Workspace）

clear	从内存中清除变量和函数
disp	显示内容
exit	退出 MATLAB
length	求向量的长度
load	从磁盘文件中载入变量
quit	退出 MATLAB 会话
save	将内存变量存入磁盘文件
who	列出工作区中的变量名
whos	列出工作区中的变量详细内容

（3）管理命令和函数（Managing Commands and Functions）

inmem	显示内存中的函数
namelengthmax	系统允许的最大变量或函数名长度
what	列出目录下的 MATLAB 文件
which	确定指定文件或函数的位置

（4）路径管理（Managing the search path）

addpath	将目录添加到搜索路径
path	显示或设置搜索路径
rmpath	从搜索路径中移除目录

（5）命令窗口控制（Controlling the Command Window）

clc	清窗口

diary	日志	
echo	显示命令的切换开关	
format	设置输出格式	
more	命令窗口分页输出开关	

(6) 操作系统命令(Operating System Commands)

cd	变换当前工作目录
delete	删除文件或图形对象
mkdir	创建目录
rmdir	移除目录
!	执行操作系统的应用程序并返回结果

2. 运算符和特殊字符

(1) 算术操作符(Arithmetic Operators)

＋	加或正号	.^	数组幂
－	减或负号	\	左除或反斜杠
*	矩阵相乘	/	右除或反斜杠
.*	数组相乘	.\	数组左除
^	矩阵幂	./	数组右除

(2) 关系操作符(Relational Operators)

==	相等	>	大于
~=	不相等	<=	小于等于
<	小于	>=	大于等于

(3) 逻辑操作符(Logical Functions)

&	逻辑与	~	逻辑非
|	逻辑或	xor	逻辑异或

(4) 特殊符号(Special Characters)

:	冒号	,	逗号
( )	圆括号或下标	;	分号
[ ]	方括号	%	注释
{}	大括号或下标	=	赋值
.	小数点	'	引号
...	续行		

3. 基本数学函数

(1) 三角函数(Trigonometric)

acos	反余弦	cos	余弦
acot	反余切	cot	余切
acsc	反余割	csc	余割
asec	反正割	sec	正割
asin	反正弦	sin	正弦

| atan | 反正切 | tan | 正切 |

(2) 指数函数（Exponential）

exp	指数	log	自然对数
log10	以 10 为底的对数	pow2	以 2 为底的幂函数
log2	以 2 为底的对数	sqrt	平方根

(3) 复数函数（Complex）

abs	实数绝对值或复数的模	imag	复数的虚部
angle	相角	real	复数的实部
conj	复共轭		

(4) 舍入和求余函数（Rounding and Remainder）

ceil	朝正无穷方向舍入	rem	除法的余数
fix	朝零方向舍入	round	四舍五入
floor	朝负无穷方向舍入	sign	符号函数
mod	求余		

4. 基本矩阵和矩阵操作

(1) 基本矩阵（Elementary Matrices）

zeros	全零矩阵
ones	全 1 矩阵
eye	单位矩阵
rand	均匀分布随机数矩阵
randn	正态分布随机数矩阵
linspace	线性间隔的向量
logspace	等指数间隔的向量
meshgrid	为三维绘图生成 X 和 Y 数组
:	等间距向量

(2) 矩阵操作（Matrix Manipulation）

cat	连接矩阵
reshape	改变矩阵大小
diag	生成对角矩阵或取出对角元素
tril	矩阵的下三角部分
triu	矩阵的上三角部分
fliplr	矩阵的左右翻转
flipud	矩阵上下翻转
rot90	矩阵旋转 90 度
:	数组的下标索引
find	寻找非零元素下标
end	最末的下标

(3) 特殊变量和常数（Special Variables and Constants）

| ans | 最新表达式的结果 |

eps	浮点数相对误差
realmax	最大浮点数
realmin	最小浮点数
pi	圆周率 3.1415926535897…
i,j	虚数单位
inf	无穷大
NaN	非数值

(4) 特殊矩阵(Specialized Matrices)

compan	伴随矩阵
gallery	Higham 测试阵
hankel	Hankel 矩阵
hilb	Hilbert 矩阵
magic	魔方矩阵
pascal	Pascal 矩阵
rosser	经典对称特征值测试矩阵

5. 矩阵函数和数值线性代数

(1) 矩阵分析(Matrix Analysis)

det	矩阵的行列式值
norm	矩阵或向量的模
null	零矩阵
orth	正交化
rank	矩阵的秩

(2) 线性方程(Linear Equations)

cond	矩阵条件数
rcond	矩阵逆条件数
inv	矩阵求逆
lu	LU 分解
pinv	矩阵伪逆

(3) 特征值和奇异值(Eigenvalues and Singular Values)

balance	改善特征值精度的选项
eig	矩阵特征值和特征向量
poly	特征多项式
qz	广义特征值
svd	奇异值分解

(4) 矩阵函数(Matrix Functions)

expm	矩阵指数
finm	一般矩阵函数计算
logm	矩阵对数
sqrtm	矩阵平方根

6. 数据分析和傅里叶变换函数

（1）基本操作（Basic Operations）

max	求最大值
mean	求平均值
median	求中间值
min	求最小元素
prod	求元素积
sort	将元素按升序排列
std	标准差
sum	求和

（2）有限差分（Finite Differences）

diff	计算差分和近似微分
gradient	计算梯度

（3）向量函数（Vector Functions）

cross	向量的叉积
dot	向量的内积
sedeiff	向量的差集
setxor	向量异或
union	向量的并

（4）相关（Correlation）

corrcoef	相关系数
cov	协方差矩阵

（5）滤波和卷积（Filtering and Convolution）

conv	卷积和多项式相乘
conv2	二维卷积
deconv	反卷和多项式相除
filter	一维数字滤波器

（6）傅里叶变换（Fourier Transforms）

abs	求绝对值或模
angle	求相角
fft	离散快速博里叶变换
iffi	离散快速博里叶逆变换

7. 多项式与插值函数

（1）多项式（Polynomials）

conv	卷积和多项式相乘
deconv	解卷和多项式相除
poly	求已知根的多项式表达式
polyder	多项式求导

polyfit　　　　　多项式曲线拟合

polyval　　　　　多项式计算

polyvalm　　　　求矩阵多项式的值

roots　　　　　　求多项式的根

(2) 数据插值(Data Interpolation)

interp1　　　　　一维插值

interp2　　　　　二维插值

interp3　　　　　三维插值

interpft　　　　　利用 FFT 进行一维插值

(3) 样条插值(Spline Interpolation)

spline　　　　　三次样条插值

8. 二维图形

(1) 基本平面图形(Elementary X-Y Graphics)

plot　　　　　　直角坐标下线性刻度绘图

loglog　　　　　对数坐标图形

semilogx　　　　半对数坐标(X 轴)图形

semilogy　　　　半对数坐标(Y 轴)图形

polar　　　　　　极坐标绘图

(2) 坐标轴控制(Specialized X-Y Graphics)

axis　　　　　　坐标轴的比例和外观控制

zoom　　　　　　二维缩放

grid　　　　　　画栅格线

box　　　　　　　轴箱

hold　　　　　　保持当前图形

axes　　　　　　在任意位置产生坐标轴

(3) 图形注释(Graph Annotation)

gtext　　　　　　用鼠标在图上标注文字

text　　　　　　在图上标注文字

title　　　　　　图形标题

xlabel　　　　　X 轴标注

ylabel　　　　　Y 轴标注

9. 三维图形

(1) 基本三维图(Elementary 3-D Plots)

plot3　　　　　　三维直角坐标图

mesh　　　　　　三维网格

surf　　　　　　三维表面图

fill3　　　　　　三维曲面多边形绘制并填充

（2）轴控制（Axis Control）

axis	坐标轴的比例和外观控制
zoom	二维缩放
grid	画栅格线
box	轴箱
hold	保持当前图形
axes	在任意位置产生坐标轴

（3）观察点控制（Viewpoint Control）

view	设定三维图形观测点
viewmtx	观测点变换矩阵

（4）图形注释（Graph Annotation）

gtext	用鼠标在图上标注文本
text	在图上标注文字
title	图形标题
xlabel	X 轴标注
ylabel	Y 轴标注
zlabel	Z 轴标注

10. 特殊图形

（1）特殊平面图形（Specialized 2-D Graphics）

area	填充面积图
bar	直方图
compass	从原点出发的复数向量图
comet	彗星曲线图
ezplot	快捷函数绘图
errorbar	误差棒图
feather	水平向量图（箭头图）
fplot	函数绘图
hist	直方图
pie	饼图
rose	统计频数扇形图
stairs	阶梯图
stem	杆图

（2）等高线（Contour Graph）

contour	等高线图
contour3	三维等高线图
pcolor	伪彩色图

（3）特殊三维图形（Specialized 3-D Graphs）

bar3	三维直方图
comet3	三维星迹图

pie3	三维饼图
stem 3	三维杆图
meshc	带等高线的三维网格
meshz	带零基准面的三维网格
waterfall	瀑布水线图

11. 通用图形函数

（1）图形窗口的产生和控制（Figure Window Creation and Control）

clf	清除当前图形
close	关闭图形
figure	打开或建立图形窗口
gcf	获得当前图形句柄

（2）坐标系的产生和控制（Axis Creation and Control）

axes	在任意位置创建坐标轴
axis	坐标轴控制
cla	清除当前坐标轴
gch	获得当前坐标轴句柄
hold	保持当前图形
subplot	创建子图

（3）图形对象句柄（Handle Graphics Objects）

axes	创建坐标系
figure	创建图形窗口
image	创建图象
line	创建曲线
surface	创建曲面
text	创建图形中文本

（4）图形句柄操作（Handle Graphics Operations）

drawnow	屏幕刷新
gco	获得当前对象句柄
get	获得对象特性
newplot	下一个新图
reset	重设对象特性
set	设置对象特性

12. 程序设计

（1）控制流（Control Flow）

if	条件判断
else	如果 if 条件为假时执行关键字
elseif	上个 if 为假而本条件为真时执行
end	结束

for	指定循环次数的循环
while	次数不定的循环
break	终止流程执行
continue	开始下一次循环过程
switch	switch 结构关键字
case	switch 条件判断
otherwise	默认 switch 条件判断
try	开始 try 块
catch	开始 catch 块
return	返回到主函数
error	显示错误信息并终止函数执行

（2）执行（Evaluation and Exectuion）

eval	执行由表达式构成的字符串
feval	执行指定的函数
run	运行命令

（3）命令、函数和变量（Scripts，Functions，and Variables）

function	生成函数
global	定义全局变量
mfilename	当前执行的 M 文件名
exist	检查变量或函数是否定义
isvarname	检查是否为合法的变量名

（4）变量操作（Argument Handling）

nargchk	输入变量数目检查
nargoutchk	输出变量数目检查
nargin	函数输入变量数目
nargout	函数输出变量数目
varargin	输入变量表变量长度
varargout	输出变量表变量长度
inputname	输入变量名

（5）显示信息（Message Display）

warning	显示警告信息
lasterr	最后出错信息
lasterror	最后出错信息及其相关信息
lastwarn	最后警告信息
disp	显示数组
display	显示数组

（6）交互输入（Interactive Input）

input	提示用户输入
keyboard	在 M 文件执行中转入键盘模式

附录 C

线性代数基本知识

线性代数是一门成熟、独立的数学分支,是研究线形空间形式和线形数量关系的学科,在其他多种科学技术和经济管理中有相当广泛的应用。

C.1　行列式

1. 行列式的定义

设有 n^2 个数,排成 n 行 n 列,记作

$$\begin{vmatrix} a_{11} & a_{12} & \cdots & a_{1n} \\ a_{21} & a_{22} & \cdots & a_{2n} \\ \cdots & \cdots & \cdots & \cdots \\ a_{n1} & a_{n2} & \cdots & a_{nn} \end{vmatrix} = \sum_{j_1 j_2 \cdots j_n} (-1)^{\sigma(j_{1/2} \cdots j_n)} a_{1j_1} a_{2j_2} \cdots a_{nj_n}$$

称为 n 阶行列式。

2. 行列式的性质

(1) 行列式与其转置行列式相等;

(2) 互换行列式的两行(列),行列式变号;

(3) 行列式的某一行(列)中所有的元素都乘以同一个数 k,等于用数 k 乘以此行列式;

(4) 行列式中如果有两行(列)元素成比例,则此行列式为零;

(5) 若有两个行列式 D_1 和 D_2 除第 i 行(列)外,其余对应行(列)元素完全相同,则 D_1 和 D_2 可以相加,其和 $D_1 + D_2$ 仍表示一个 n 阶行列式,其 i 行(列)为 D_1 和 D_2 第 i 行(列)之和,其余行(列)与 D_1 和 D_2 完全相同;

(6) 将行列式某行(列)的 k 倍加到另一行(列),其值不变。

3. 行列式按行(列)展开

行列式等于它的任一行(列)的各元素与其对应的代数余子式之和。

4. 克莱姆法则

(1) 若线性非齐次方程组

$$\begin{cases} a_{11}x_1 + a_{12}x_2 + \cdots + a_{1n}x_n = b_1 \\ a_{21}x_1 + a_{22}x_2 + \cdots + a_{2n}x_n = b_2 \\ \qquad\qquad \cdots\cdots \\ a_{n1}x_1 + a_{n2}x_2 + \cdots + a_{nn}x_n = b_n \end{cases}$$

的系数行列式 $D \neq 0$,则方程组有唯一解

$$x_i = D_i / D \qquad i = 1, 2, \cdots, n$$

其中 D_i 是 D 中第 i 列元素换成方程中右端常数项所构成的行列式。

（2）若线性齐次方程组

$$\begin{cases} a_{11}x_1 + a_{12}x_2 + \cdots a_{1n}x_n = 0 \\ a_{21}x_1 + a_{22}x_2 + \cdots a_{2n}x_n = 0 \\ \qquad\qquad \cdots\cdots \\ a_{n1}x_1 + a_{n2}x_2 + \cdots + a_{nn}x_n = 0 \end{cases}$$

的系数行列式 $D \neq 0$,则方程组只有唯一的零解。

若线性齐次方程组有非零解,则其系数行列式 $D = 0$。

C.2　矩阵

1. 矩阵的概念

由 $m \times n$ 个数 $a_{ij}(i=1,2,\cdots,m;j=1,2,\cdots,n)$ 排成 m 行 n 列的数表

$$\boldsymbol{A} = \begin{bmatrix} a_{11} & a_{12} & \cdots & a_{1n} \\ a_{21} & a_{22} & \cdots & a_{2n} \\ \cdots & \cdots & \cdots & \cdots \\ a_{n1} & a_{n2} & \cdots & a_{nn} \end{bmatrix}$$

称为 $m \times n$ 矩阵,简记为 $\boldsymbol{A} = (a_{ij})_{m \times n}$。

2. 矩阵的运算

（1）加法

同型矩阵 $\boldsymbol{A} = (a_{ij})_{m \times n}$,$\boldsymbol{B} = (b_{ij})_{m \times n}$ 的和为:$\boldsymbol{A} + \boldsymbol{B} = (a_{ij} + b_{ij})_{m \times n}$。

（2）数乘

设 k 为常数,$\boldsymbol{A} = (a_{ij})_{m \times n}$,$\boldsymbol{B} = (b_{ij})_{m \times n}$,则定义 $k\boldsymbol{A} = (ka_{ij})_{m \times n}$。

（3）乘法

设 $\boldsymbol{A} = (a_{ij})_{m \times s}$,$\boldsymbol{B} = (b_{ij})_{s \times n}$ 则 $\boldsymbol{AB} = \boldsymbol{C}$,$\boldsymbol{C}$ 是 $m \times n$ 矩阵,设 $\boldsymbol{C} = (c_{ij})_{m \times n}$ 则,

$$c_{ij} = \sum_{k=1}^{s} a_{ik}b_{kj} = a_{i1}b_{1j} + a_{i2}b_{2j} + \cdots a_{is}b_{sj}$$

在矩阵相乘时应该注意到,只有矩阵 $\boldsymbol{A}$ 的列数等于矩阵 $\boldsymbol{B}$ 的行数时,两个矩阵才能相乘,且矩阵的乘法不满足交换律,即一般 $\boldsymbol{AB} \neq \boldsymbol{BA}$。

（4）转置

矩阵的转置是指把矩阵的行换成同序数的列所得到的新矩阵,即

$$\boldsymbol{A}' = (a_{ji})_{n \times m}$$

3. 逆阵

对于 n 阶方阵 $\boldsymbol{A}$,如果有一个 n 阶方阵 $\boldsymbol{B}$,使 $\boldsymbol{AB} = \boldsymbol{BA} = \boldsymbol{E}$（其中 $\boldsymbol{E}$ 为单位矩阵,下同）,则称方阵 $\boldsymbol{A}$ 是可逆的,并把方阵 $\boldsymbol{B}$ 称为 $\boldsymbol{A}$ 的逆阵,记为 $\boldsymbol{B} = \boldsymbol{A}^{-1}$。

矩阵 $A=(a_{ij})_{m\times n}$ 可逆的充要条件是 $|A|\neq 0$,且 $A^{-1}=\dfrac{1}{|A|}A^*$,其中 A^* 为 A 的伴随阵。

C.3　向量和矩阵的秩

1. n 维向量

由 n 个有顺序的数 $a_1,a_2,\cdots,a_n$ 所组成的数组,称为 n 维向量,记作 $\boldsymbol{\alpha}=(a_1,a_2,\cdots,a_n)$。

2. 线性相关性

(1) 对于向量 $\boldsymbol{\alpha},\boldsymbol{\alpha}_1,\boldsymbol{\alpha}_2,\cdots,\boldsymbol{\alpha}_m$,如果有一组数 $\lambda_1,\lambda_2,\cdots,\lambda_m$,使 $\boldsymbol{\alpha}=\lambda_1\boldsymbol{\alpha}_1+\lambda_2\boldsymbol{\alpha}_2+\cdots+\lambda_m\boldsymbol{\alpha}_m$,则说向量 $\boldsymbol{\alpha}$ 是 $\boldsymbol{\alpha}_1,\boldsymbol{\alpha}_2,\cdots,\boldsymbol{\alpha}_m$ 的线性组合,或者说 $\boldsymbol{\alpha}$ 可由 $\boldsymbol{\alpha}_1,\boldsymbol{\alpha}_2,\cdots,\boldsymbol{\alpha}_m$ 线性表示。

(2) 设有 n 维向量组 $\boldsymbol{\alpha}_1,\boldsymbol{\alpha}_2,\cdots,\boldsymbol{\alpha}_m$,如果存在一组不全为 0 的数 $k_1,k_2,\cdots,k_m$,使 $k_1\boldsymbol{\alpha}_1+k_2\boldsymbol{\alpha}_2+\cdots+k_m\boldsymbol{\alpha}_m=\boldsymbol{0}$,则称该向量组线性相关,否则称它线性无关。

3. 向量组和矩阵的秩

如果矩阵 A 中有一个不等于 0 的 r 阶子式 D,且所有 $r+1$ 阶子式(如果存在的话)全为 0,那么 D 称为矩阵 A 的最高阶非零子式,r 称为矩阵 A 的秩,记作 $R(A)$。

C.4　线性方程组

1. 线性齐次方程组

有解条件:$r(A)=n$,($\boldsymbol{\alpha}_1,\boldsymbol{\alpha}_2,\cdots,\boldsymbol{\alpha}_n$ 线性无关),齐次线性方程组有唯一零解。$R(A)=r<n$,($\boldsymbol{\alpha}_1,\boldsymbol{\alpha}_2,\cdots,\boldsymbol{\alpha}_n$ 线性相关),齐次线性方程组有非零解,且有 $n-r$ 个线性无关解。

2. 线性非齐次方程组

有解条件:$r(A)\neq r(A\mid b)=\begin{cases}n,&\text{有唯一解}\\r<n,&\text{有无穷多解}\end{cases}$

解的性质:设 $\boldsymbol{\eta}_1,\boldsymbol{\eta}_2$ 是非齐次方程 $AX=\boldsymbol{\beta}$ 的解,$\boldsymbol{\xi}$ 是对应齐次方程 $AX=\boldsymbol{0}$ 的解,则 $\boldsymbol{\eta}_1-\boldsymbol{\eta}_2$ 是 $AX=0$ 的解,$k\boldsymbol{\xi}_1+\boldsymbol{\eta}_1$ 是 $AX=b$ 的解。

C.5　相似矩阵及二次型

1. 向量的内积

设有 n 维向量 $\boldsymbol{x}=(x_1,x_2,\cdots,x_n),\boldsymbol{y}=(y_1,y_2,\cdots,y_n)$,令 $[\boldsymbol{x},\boldsymbol{y}]=x_1y_1+x_2y_2+\cdots+x_ny_n=\boldsymbol{x}\boldsymbol{y}'$,称 $[\boldsymbol{x},\boldsymbol{y}]$ 为向量 $\boldsymbol{x}$ 与 $\boldsymbol{y}$ 的内积。

2. 正交阵

满足 $A'A=E$ 的 n 阶方阵 A 称为正交阵。

3. 特征值与特征向量

设 A 是 n 阶方阵,如果数 λ 和 n 维非零列向量 $\boldsymbol{x}$ 使 $A\boldsymbol{x}=\lambda\boldsymbol{x}$ 成立,则数 λ 为方阵 A 的特征

值,向量 x 为 A 的对应于特征值 λ 的特征向量。

$\lambda E - A$ 称为 A 的特征矩阵,$|\lambda E - A|$ 称为 A 的特征多项式,$|\lambda E - A| = 0$ 称为 A 的特征方程。

4. 相似矩阵

设 A、B 都是 n 阶方阵,如果存在可逆方阵 P,使得 $P^{-1}AP = B$,则称 A 与 B 相似,B 是 A 的相似矩阵。

5. 二次型

含有 n 个变量 $x_1, x_2, \cdots, x_n$ 的二次齐次函数

$$f(x_1, x_2, \cdots, x_n) = a_{11}x_1^2 + a_{22}x_2^2 + \cdots + a_{nn}x_n^2 + 2a_{12}x_1x_2 + 2a_{13}x_1x_3 + \cdots 2a_{n-1,n}x_{n-1}x_n$$

称为二次型。

若系数是实数,称之为实二次型,可以表示为矩阵形式:

$$f(x_1, x_2, \cdots, x_n) = (x_1, x_2, \cdots, x_n) \begin{pmatrix} a_{11} & a_{12} & \cdots & a_{1n} \\ a_{21} & a_{22} & \cdots & a_{2n} \\ \cdots & \cdots & \cdots & \cdots \\ a_{n1} & a_{n2} & \cdots & a_{nn} \end{pmatrix} \begin{pmatrix} x_1 \\ x_2 \\ \vdots \\ x_n \end{pmatrix}$$

参考文献

［1］ MATHWORKS. MATLAB & Simulink ［EB/OL］. ［2018－01－25］https：// www. mathworks. com/products/matlab. html.

［2］ MATHWORKS. Programming fundamentals （MATLAB Handbook） ［EB/OL］. ［2017－12－20］https：//www. mathworks. com/help/pdf_doc/matlab/matlab_prog. pdf.

［3］ STACK OVERFLOW. Where developers learn，share，& build careers ［EB/OL］. ［2018－01－25］https：// stackoverflow. com/.

［4］ ATTAWAY S. Matlab：A practical introduction to programming and problem solving ［M］. Cambridge，MA，USA：Butterworth-Heinemann，2017.

［5］ LOCKHART S，TILLESON E. An engineer's introduction to programming with MATLAB 2017 ［M］. Mission，KS，USA：SDC Publications，2017.

［6］ 罗建军，杨琦. MATLAB 教程 ［M］. 北京：电子工业出版社，2005.

［7］ 王沫然. MATLAB 与科学计算教程 ［M］. 北京：电子工业出版社，2016.

［8］ 薛定宇，陈阳泉. 高等应用数学问题的 MATLAB 求解 ［M］. 北京：清华大学出版社，2013.

［9］ 黄永安，马路，刘慧敏. MATLAB 7.0/Simulink 6.0 建模仿真开发与高级工程应用 ［M］. 北京：清华大学出版社，2005.

［10］张铮，等. MATLAB 程序设计与实例应用 ［M］. 北京：中国铁道出版社，2003.

［11］郑阿奇，曹弋. MATLAB 实用教程 ［M］. 北京：电子工业出版社，2016.

［12］陈杰，MATLAB 宝典 ［M］. 北京：电子工业出版社，2013.